刘华贵 主

中国农业出版社
北 京

图书在版编目（CIP）数据

林下养土鸡 / 刘华贵主编．—北京：中国农业出版社，2018.12（2020.4重印）

ISBN 978-7-109-25006-2

Ⅰ．①林… Ⅱ．①刘… Ⅲ．①鸡–饲养管理 Ⅳ．①S831.4

中国版本图书馆CIP数据核字（2018）第281459号

中国农业出版社出版

（北京市朝阳区麦子店街18号楼）

（邮政编码 100125）

责任编辑 张德君 司雪飞 李 晶

文字编辑 张庆琼

中农印务有限公司印刷 新华书店北京发行所发行

2020年1月第1版 2020年4月北京第10次印刷

开本：880mm×1230mm 1/32 印张：4.25

字数：100千字

定价：25.00元

编写人员

主　　编　刘华贵

参编人员　初　芹　耿爱莲

王海宏　张　剑

前 言

近几十年来，我国的养鸡业得到了迅猛发展。我国已经成为世界养鸡大国，鸡蛋产量位居世界第一，鸡肉产量位居世界第二。这些禽类产品主要采用快大型白羽肉鸡和高产蛋鸡以集约化方式生产，生产成本低，但产品风味不足，质量不尽如人意。随着人们营养保健意识和生态文明意识的不断增强，消费观念开始向崇尚自然、追求健康、注重环保方向转变。人们不仅要求吃饱，更讲究口味、营养，讲究吃得安全、吃得健康。因此，全国各地土鸡养殖的数量逐年快速增加。

土鸡养殖是我国现代养鸡业中独具特色的一个新兴产业。土鸡又称优质地方鸡种、本地鸡、柴鸡等，以肉蛋兼用为主。土鸡虽然增重较慢、饲料转化率不高，但抗病力强，营养丰富，肌纤维细腻，肌间脂肪丰富，鸡味浓郁，风味独特，因而深受消费者青睐，价格是普通肉鸡的2 ~ 3倍。

林下养土鸡是指选用我国优良的土鸡品种，利用林地、果园等自然资源，将传统养殖方法和现代技术相结合、舍饲与放养相结合的生态养殖模式。鸡群在人工饲喂的基础上，可以自由采食野生天然青绿饲料和昆虫。将良好的饲养环境、科学的饲养管理和疫病防控三者有机结合，严格限制化学药品和抗生素的使用，生产出安全可靠、天然绿色、风味独特的高质量鸡肉和鸡蛋产品。在提高鸡肉、鸡蛋产品附加值的同时，也建立起鸡与林果互促互利的良性循环，对于发展林下经济，提高林地单位面积的收入，减少林地害虫，抑制杂草丛生，培肥土壤，解决农村就业，促进农民增收等具有积极的促进作用，可以实现经济效益、社会效益和生态效益的统一。

《林下养土鸡》一书，以发展林下生态养殖为主线，对规模化林下养殖土鸡的关键技术做了较全面的介绍。本书首先阐述了国内外土鸡养殖的发展现状和趋势，然后介绍了适宜林下养殖的土鸡品种以及养殖场地选择与环境控制，最后从土鸡的生活习性和环境特点出发，阐述了土鸡的营养需要与饲料配合、林下养殖土鸡的饲养管理以及疾病预防。

针对当前各地林下土鸡养殖的蓬勃发展，我们根据近年来土鸡生产实践和科研所积累的资料，借鉴国内外养鸡最新技术和成果，精心编写成本书，以期对我国林下土鸡养殖产业的健康发展起到一定的促进作用。

本书集规模化林下土鸡养殖技术及生产模式于一体，内容新颖，图文并茂，具有科学性、先进性、实用性，可供农村广大养鸡者和基层畜牧兽医技术人员阅读参考。

我们本着对读者高度负责的精神来编写本书，但林下土鸡养殖是一门新兴的产业，新技术还有待完善，加之笔者水平和时间所限，书中不当乃至错误之处在所难免，敬请同行专家和广大读者不吝指正。

编　者

2018年10月

目 录

四、营养与饲料

五、饲养管理

六、疾病预防

01 一、概　述

林下养土鸡可以充分利用现有闲置林地资源，生产出安全可靠、天然绿色、风味独特的高质量鸡肉和鸡蛋产品，只要科学规划和管理，可以实现经济效益、社会效益和生态效益的统一。林下养土鸡要根据各地的实际情况选择合适的品种，在鸡舍建筑、饲养管理、疾病防治等方面参考现代化、规模化舍内养殖的一些好的做法。宣传科学饲养理念，变粗放管理为精细化管理。适当加大基础设施投入，使鸡舍做到冬暖夏凉，为鸡群提供良好舒适的条件。随着人工成本越来越高，大力提倡自动化、机械化饲养，提高劳动效率。科学搭配饲料，保证鸡群营养健康，增强疾病抵抗力。避免随意配制饲料，有什么就喂什么的错误做法。

（一）林下养土鸡的概念

林下养土鸡是指选用我国优良的土鸡品种，利用林地、果园等自然资源，采用舍饲与放养相结合的生态养殖模式。鸡群在人工饲喂的基础上，可以自由采食野生天然青绿饲料和昆虫。将良好的饲养环境、科学的饲养管理和疫病防控三者有机结合，生产出安全可靠、天然绿色、风味独特的高质量鸡肉和鸡蛋产品。在提高鸡肉、鸡蛋产品附加值的同时，也建立起鸡与林果互促互利的良性循环，对于发展林下经济，提高林地单位面积的收入，减少林地害虫，抑制杂草丛生，培肥土壤，解决农村部分剩余劳动力的就业问题，促进农民增收等具有积极的促进作用，可以实现经济效益、社会效益和生态效益的统一。杨树林下养鸡见图1。

图1　杨树林下养鸡

（二）发展现状与趋势

1.国外现状与发展趋势

在欧洲等西方发达国家，随着消费者对动物福利及产品品质的日益关注，传统的高密度、集约化家禽笼养模式正在逐步被淘汰，取而代之的是福利型大笼饲养、栖架养殖、厚垫料平养、网上平养和户外自由散养。在欧盟国家，母鸡的“生活品质”决定着鸡蛋价格。许多消费者相信“痛苦的母鸡生不出好蛋”，期望产蛋母鸡能够接触到户外的土壤和阳光。在英国，一盒散养鸡蛋的价格要比笼养鸡蛋高1倍多。在德国，超市里出售的鸡蛋是根据养殖方式按照0 ~ 3号进行编号分类的，0号是有机鸡蛋，1号是户外散养鸡蛋，2号是舍内散养鸡蛋，3号是笼养鸡蛋。鸡蛋标号的数字越大，价格越便宜。0号价格最高，3号鸡蛋最便宜。

2012年1月，欧盟所有成员国立法禁止了蛋鸡的传统笼养方式，以往狭窄、简陋的联排鸡笼被禁用。生产者可以自由选择环境富集笼、舍内散养方式或自由放养系统。

欧盟未来将逐步淘汰环境富集笼，向舍内散养和自由放养过渡（表1）。

表1　欧盟国家散养鸡蛋比例（截止到2017年底）

国　家	比例（%）
英国	50
爱尔兰	40
奥地利	21
法国	18
德国	18
荷兰	17

2017年英国第一大超市乐购（Tesco）宣布最迟会在2025年完全停止销售笼养鸡的鸡蛋。其他零售商如沃尔玛、Sainsbury's、Waitrose、ALDI、Marks and Spencer都已承诺将会停止销售笼养鸡的鸡蛋。

2017年，法国有69%的蛋鸡饲养在环境富集笼中，6%舍内散养，18%户外散养，7%有机饲养。法国Monoprix商店从2016年就开始停止出售传统的笼养鸡蛋，家乐福（Carrefour）超市和欧尚（Auchan）超市早前就宣布分别在2020年和2025年开始只销售散养鸡蛋。不过，法国农业部在2018年初宣布，从2022年开始在法国销售的壳蛋必须是户外散养的。这意味着采用环境富集笼和舍内散养生产的鸡蛋只能用于加工。

法国是一个追求精致饮食文化的国度。法国经过官方认证统一标准生产的“红标签”优质肉鸡占全国所有家庭肉鸡消费的25%。红标签鸡必须采用慢速生长的肉鸡品种，采用户外放养的方式进行生产，商品鸡出栏日龄必须在81日龄以上（通常为80 ~ 110日龄），每只鸡至少保证2米^{2}的户外活动范围，每个鸡舍最大面积不超过400米^2，每个养殖场的鸡舍数量不超过4个，即每个养殖场的鸡舍总面积最大不超过1 600米^2。在法国东部布雷斯地区出产的布雷斯鸡，则被誉为法国的“国鸡”。布雷斯鸡有一套更为严格规范的生产体系，规定每年只生产150万只，必须采用自由散养方式进行饲养。布雷斯鸡是当地一种生长缓慢的鸡种，白羽、青脚。小公鸡养到4个月上市，小母鸡养到5个月上市。如果是阉公鸡则养到8个月上市。在饲养过程中，每栋鸡舍的面积不得大于50米^2，每平方米最多养10只鸡，因此每群鸡的数量不得超过500只。在户外必须给每只鸡提供10米^{2}的放养场地，因此放养草地面积不得小于5 000米^2。饲养下一批鸡之前，草地必须经过一段休整期来恢复植被。

在美国，加利福尼亚州宣布从2015年全面禁止蛋鸡笼养。2015年，麦当劳宣布其在美国和加拿大所有餐厅的鸡蛋都来自非笼养鸡。其他一些公司也效仿了这种做法。

在澳大利亚，以前只有10%的鸡蛋来自自由放养，而目前已达到50%。

2.国内现状与发展趋势

我国是世界养鸡大国，鸡蛋产量世界第一，鸡肉产量世界第二。所饲养的鸡种也最齐全，即包括高产的专门化肉鸡品种和蛋鸡品种，也包括各具特色的地方品种。饲养方式也是多种多样，既有大规模的现代化笼养和平养，也有林地、果园和草地散养。

鸡肉自古便是我国人民所喜爱的食物，我国历来有“无鸡不成宴”的说法。随着近几十年我国经济的快速发展，人民变得更加富有，消费者对禽类产品的要求也从追求数量上的满足，转而变为追求质量的提高。因此，土鸡的养殖数量逐年快速增加。全国各地纷纷利用北京油鸡、文昌鸡、清远麻鸡等当地的土鸡品种资源（图2至图9）生产出品牌众多、各具特色的鸡肉和鸡蛋产品，并纷纷借助京东、顺丰优选、天猫等电商平台销往全国各地。

图2　北京市怀柔区利用杏树果园养殖北京油鸡

图3　北京市密云区在板栗树下养殖北京油鸡

图4　北京市密云区利用苹果园发展林下养鸡

图5　贵州省六盘水市利用山地发展“别墅”养鸡

图6　河北省临城县利用当地核桃林地养殖北京油鸡

图7　河北省涞源县林下养殖太行鸡

图8　南京市六合区利用林地资源养殖当地土鸡

图9　新疆在沙棘林下养殖北京油鸡

北京市农林科学院畜牧兽医研究所2013年承担北京市农业科技合同项目“林地养鸡模式优化技术试验示范”，围绕北京油鸡林下养殖模式进行了技术优化，建立了林下种草“别墅”养鸡模式（图10、图11）和自动化散养模式。林下种植菊苣供鸡自由采食，实行轮牧放养或控制性散养，同时降低养殖密度，每亩*林地养鸡数量控制在120只以下，有效地避免了传统大规模林下养鸡对林地生态植被的破坏，实现了林下经济发展和生态环保的有机结合。

图10　林下种草“别墅”养鸡模式

图11　北京市丰台区在林下发展种草“别墅”养鸡

* 亩为非法定计量单位，15亩=1公顷。

湖北省总结出生态放养优质土鸡“553”养殖模式，即采用一个鸡群养殖土鸡500只左右、每亩山林放养土鸡50只、一个生产周期不少于300天的养殖模式。

一些高科技、互联网公司也加入土鸡的养殖和开发中，推动我国土鸡养殖品牌化、产业化。2016年京东集团和国务院扶贫开发领导小组共同签署了《电商精准扶贫战略合作框架协议》，共同探索电商精准扶贫，在国家级贫困县河北衡水武邑县落地生产“跑步鸡”项目，上市销售的产品价格根据重量被分为每只128元、168元和188元不等。

2017年，众安科技将区块链、物联网和防伪技术相互结合，利用安徽省六安市山清水秀的农村基地开发生产“步步鸡”。步步鸡由当地经验丰富的农民养殖，日常喂以蔬果、五谷杂粮及天然无公害的黑水虻，并保证每日运动量。

2018年，网易首席执行官丁磊和美团网首席执行官王兴共同控股成立长汀河田飞鸡公司，利用当地地方鸡种开发生产“河田飞鸡”，扩大河田鸡销售，帮助农户增收。

（三）林下养土鸡的好处

1.可以开发生产优质鸡肉和鸡蛋产品

采用林下养土鸡模式可以生产出高质量的优质鸡肉和鸡蛋产品，满足市场需求。随着生活水平的提高，人们对食品的构成和质量安全越发关注。规模化养鸡在一定程度上满足了人们对鸡蛋数量上的要求。但是，产品品质却欠佳，这使得人们更加留恋传统的田园牧鸡。散养的土鸡蛋备受青睐，价格居高不下。土鸡在果园与林间自然放养，吃虫叼卵，觅嫩草刨树籽，活动量大，生长时间长，肉质细嫩美味；鸡蛋个体小，蛋清浓稠，香味浓郁，蛋黄呈现自然的金黄色泽，口感细腻，营养丰

富，是当之无愧的绿色食品。

能自由散步的母鸡和挤在鸡笼里动弹不得的母鸡，产下的蛋营养价值真的不同？究竟有何不同？科学家们一直在探究。早在1974年，英国科研人员发现，相比笼养鸡蛋，散养鸡蛋的叶酸含量高50%，维生素B_{12}含量高70%。1997年的一项研究显示，散养鸡蛋的维生素E和不饱和脂肪酸的含量都比笼养鸡蛋高得多。美国宾夕法尼亚州立大学的科研人员称，由于散养母鸡可以自由走动、晒太阳，它们的代谢与吸收是自然、正常的，鸡蛋内种种有益元素的合成因此得到保证。最近，日本的一项测试也显示，散养鸡蛋里维生素D（维持肠道内钙吸收的重要成分）的含量比笼养鸡蛋高得多。

2.培肥土壤，促进林木生长

每只鸡每天排放鸡粪（鲜粪）100克，每只鸡每年产鲜粪36千克，折合成干粪约9千克。如果每亩地养鸡120只，每年产鲜粪4 320千克，折合成干鸡粪约1 080千克。如果每亩地养鸡50只，每年产鲜粪1 800千克，折合成干鸡粪约450千克。鸡粪为非常优质的有机肥，施放到林地将大大提高土壤肥力，促进林木生长。

3.控制杂草生长，减少林地管护成本

北京市平原造林工程每亩林地的管护投入为4元/米^2，折合约为2 668元/亩。每到夏季，需要投入人力清除林地杂草。林地养鸡以后，生长的植物被鸡吃掉，不用投入人工割草了。

4.减少林地害虫发生，减少农药投入

在北京郊区，4月杨树林地经常会发生虫害，大片杨树林的叶子被虫吃掉。2014年4月在北京绿多乐农业有限公司基地

的同一片杨树林地内，发生虫害严重的杨树林里没有养鸡，养鸡的林地很少发生或不发生虫害。推测可能是在地下越冬的害虫（蛹）在春季羽化露出土壤的时候，被鸡吃掉了，从而阻止了飞蛾上树产卵，孵化繁殖（图12、图13）。

图12　北京春季有鸡群活动的杨树林地：树叶没有被虫吃掉

图13　北京春季没有鸡群活动的杨树林地：树叶被害虫吃掉

（四）问题及对策

1.存在的主要问题

（1）鸡苗质量差。林下养土鸡选购鸡苗时大多就地取材，到农村一些不正规的小型土鸡孵化厂直接购进鸡苗，多是严重

退化的品种，鸡苗品种差，品种杂。很多土鸡未经过禽白血病和鸡白痢净化，抵抗力差，易发病，死亡率高。

（2）饲养管理落后（图14）。林下养土鸡忽视科学喂养的现象较为普遍。饲养设施简陋，管理粗放，没有一整套管理制度。不注意保温或忽视通风换气，出现冻死或热死现象；饮水和喂食都很随意，有什么就喂什么。有的饲料单一，仅喂玉米、碎米和麸皮，不补喂全价配合饲料，鸡体营养缺乏，生长发育不良。

图14　简易大棚养殖：投资低，但夏季很热，冬季很冷，养殖效果很差

（3）生产水平低。土鸡在山坡或林区散养，受自然环境，特别是温度影响较大，夏季高温、冬季严寒时间内产蛋下降或停产。因管理不到位，到鸡开产前，成活率只有80%左右。营养不良，生长发育迟缓。光照制度不合理，冬季不补光，产蛋率很低或者完全停止产蛋。

（4）鼠兽危害。林地散养鸡的天敌较多，没有好的防范措施，遇到天敌往往损失严重。林地鼠、黄鼠狼等活动猖獗，不仅偷盗饲料，还咬死家禽，危害较大。

（5）疫病危害。林地放养地和棚舍不易彻底消毒，防疫比较困难，某些传染病和寄生虫病的感染机会多。若无针对性强的、合理的免疫程序和预防措施，鸡群暴发疫病的可能性大。

2.发展对策

要使林地养鸡生产技术体系不断完善，主要从以下几个方面进行考虑。

（1）正确认识林地养鸡项目。林地养鸡并不是简单、粗放的散放饲养，它需要科学、规范的养殖技术。既要对林地、果园有一定的要求，又要根据各地的实际情况选择合适的品种，在鸡舍建筑、饲养管理、疾病防治等方面参考现代化、规模化舍内养殖的一些好的做法。宣传科学饲养理念，适当加大基础设施投入，使鸡舍做到冬暖夏凉，为鸡群提供良好舒适的条件。随着人工成本越来越高，大力提倡自动化、机械化饲养，提高劳动效率。科学搭配饲料，保证鸡群营养健康，增强疾病抵抗力。避免随意配制饲料，有什么就喂什么的错误做法（图15）。

图15　自动化散养：自动喂料、自动饮水、自动集蛋，劳动效率大大提高

（2）把好鸡苗选择关。利用地方鸡优势，广大养鸡户要严格把好鸡苗选择关。选择适合当地条件、种鸡经过系统选育

和疾病净化的土鸡品种，从具备种畜禽经营合格证的正规单位引种。

（3）把好防疫消毒关。加强土鸡生产全过程的安全控制。要重视鸡舍消毒与鸡群防疫，提高成活率。不要因为野外养鸡与其他养鸡场隔离较远而忽视防疫，野外养鸡同样要注重防疫，制订科学的免疫程序并按免疫程序认真做好马立克氏病、鸡新城疫、传染性法氏囊病等重要传染病的预防接种工作。同时还要注重驱虫工作，制订合理的驱虫程序，及时驱杀体内、外寄生虫。

（4）防止天敌。野外养鸡要特别预防鼠、黄鼠狼、狐、鹰等天敌的侵袭。鸡舍不能过分简陋，应及时堵塞墙体上的大小洞口，鸡舍门窗用铁丝网、尼龙网或不锈钢网围好。同时要加强值班和巡查，经常检查放养场地兽类出没情况。

02 二、品种选择

林下养殖土鸡效益的好坏与品种的选择密切相关，需要根据鸡的品种特性和市场需求来选择品质优良、适应性强的品种。在引种之前一定要了解种鸡场的经营情况，包括雏鸡成活率、疫病控制情况、蛋传病净化现状等，不能只图雏鸡价格低。应该从具备种畜禽经营合格证和动物防疫合格证的正规种鸡场引种。

（一）品种分类

土鸡是地方鸡品种的统称，也称柴鸡。这些鸡的特点是分布广，全国各省份几乎都有自己的地方鸡品种，适应性强，抗病力强，适合散养。散养生产的土鸡肉味道鲜美，口感非常好，土鸡蛋品质优良，口感醇香，营养丰富，在市场上非常畅销。

我国幅员辽阔，地形、地貌、自然生态条件有明显的区域差异，这些多样的地理、地貌、生态环境，孕育了丰富的鸡种资源，加上各个地理区域人们的饮食习惯和喜好不同，于是逐渐形成了众多的优良土鸡品种。2011年《中国畜禽遗传资源志·家禽志》收录的我国地方鸡种有107个。

1.按区域分类

品种的形成，离不开自然、地理因素以及特定的文化背景。按区域，我国土鸡品种大致可划分为以下7个区域。

（1）青藏高原区。藏鸡、海东鸡等。

（2）蒙新高原区。边鸡、吐鲁番斗鸡、拜城油鸡等。

（3）黄土高原区。静原鸡、卢氏鸡等。

（4）西南山地区。茶花鸡、西双版纳斗鸡、瓢鸡、瑶鸡等。

（5）东北区。大骨鸡、林甸鸡等。

（6）黄淮海区。北京油鸡、太行鸡、寿光鸡、济宁百日鸡等。

（7）东南区。仙居鸡、清远麻鸡、惠阳胡须鸡、杏花鸡等。

2.按用途分类

根据用途，土鸡可分为：

（1）蛋用型。如仙居鸡、济宁百日鸡等。

（2）肉用型。如清远麻鸡、河田鸡、溧阳鸡等。

（3）兼用型。如北京油鸡、固始鸡、鹿苑鸡、东乡绿壳蛋鸡等。

（4）药用型。如丝羽乌骨鸡。

（5）观赏型。如鲁西斗鸡、丝羽乌骨鸡等。

（二）品种选择

林下养殖土鸡效益的好坏与品种的选择密切相关，需要根据鸡的特性和市场需求来选择优良、适宜的品种。

1.选择质量好、信誉度高的种鸡场购雏鸡

雏鸡质量好坏是影响后期养殖成功与否的关键。从信誉度高、质量好、无传染病的正规种鸡场选择适合当地自然条件的、品种纯正、优质、健康、生长快、产肉或产蛋率高的鸡苗，是养好优质土鸡的基础。所以，在引雏之前一定要了解种鸡场的经营情况，包括雏鸡成活率、疫病控制情况、蛋传病净

化现状等，不能只图价格低。应该从具备种畜禽经营合格证和动物防疫合格证种鸡场引种。

2.选择外观独特、肉蛋品质优良的鸡种

土鸡散养之所以受到欢迎，就是因为其鸡肉口味鲜美，鸡蛋品质优良、营养丰富。所以肉蛋品质优良是选种的关键。此外，土鸡散养大多都与生态农业相结合，选择一些外貌独特的品种，如北京油鸡、丝羽乌骨鸡等，更有助于吸引消费者。

3.选择适应性强、抗病力强的鸡种

林地、果园、草坡养殖土鸡宜选择采食能力强，抗逆性和抗病力强的品种。林地养鸡白天鸡只在野外自由活动可能碰到各种各样的刺激因素，林地环境条件不稳定，外界气候多变，饲养管理条件相对粗放简单，鸡只需要在林地里自由采食。因此建议选择适应性好、抗病力强的优良地方品种。

4.考虑市场，因地而异

我国各地消费习惯差异很大，不同的区域对鸡肉和鸡蛋的喜好也不同，因此土鸡品种的选择要考虑当地的饲养习惯和消费市场的需求，选择毛色、肤色、体重大小、蛋色等合适的品种。例如，广东、广西地区的消费者喜食黄色皮肤、黄色脂肪的三黄土鸡，江苏、浙江、河南、安徽、江西、湖南、四川等地的消费者喜食青脚青腿、黑脚黑腿的土鸡。北方大部分地区对土鸡的羽色、肤色要求不严，但比较喜欢体型较大的土鸡。

（三）主要品种介绍

我国地方土鸡品种众多，本书重点介绍一些保护开发利用比较好、性能比较优异的或者比较有特色的代表性品种。

1.肉用型

（1）广西三黄鸡。原产地为广西壮族自治区，属于肉用型地方品种。广西三黄鸡体躯短小，体态丰满，具有黄毛、黄皮、黄脚的“三黄”特征（图16）。肉质细嫩、味道鲜美、皮薄骨细、皮下脂肪适度、肉味浓郁，非常适于制作白切鸡。

图16 广西三黄鸡

成年公鸡体重2.1千克，母鸡1.6千克。广西三黄鸡产肉性能较好，150日龄屠宰率平均87%以上，半净膛率80%左右，胸肌率平均17%，腿肌率21%。

广西三黄鸡开产早、早熟性好，平均105日龄开产。母鸡产蛋性能略差，有就巢性，就巢比例约20%。62周龄产蛋量可以达到135个，蛋重较小，300日龄平均蛋重43g左右。

（2）清远麻鸡。原产于广东省清远县。清远麻鸡形成历史悠久，自宋代就有饲养，因母鸡背侧羽毛有细小黑色斑点，故称麻鸡。它以体型小、皮下和肌间脂肪发达、皮薄骨软而著名，为我国活鸡出口的小型肉用名鸡之一。

该品种典型特征是“一楔、二细、三麻身”。“一楔”是指母鸡似楔形，前躯紧凑、后躯圆大；“二细”是指头细、脚细；

“三麻身”指母鸡背羽有麻黄、褐麻、棕麻，身体呈黄色。清远麻鸡鸡冠为单冠、直立，呈红色。胫、皮肤均为黄色。

成年公鸡体重1.9千克，母鸡体重1.5千克。在很好的饲养条件下，120日龄公鸡体重可达1.2千克，母鸡1.0千克。清远麻鸡育肥性能良好，屠宰率高，160日龄平均屠宰率公、母鸡均可达到88%～89%，半净膛率80%～81%，胸肌率17%～18%，腿肌率23%～25%。

清远麻鸡产蛋性能略差，平均161日龄开产，平均蛋重46g，年产蛋量105个，母鸡有就巢性，就巢比例约3%。

（3）文昌鸡（图17）。原产地为海南省文昌市，中心产区为文昌市的潭牛镇、锦山镇、文城镇和宝芳镇，现海南省各地均有分布。文昌鸡形成历史悠久，早在清代由福建、广东地区移民带入，经当地群众长期选育而成。文昌鸡肉质鲜嫩、肉香浓郁，属于海南四大名菜之一。

图17　文昌鸡

文昌鸡体型紧凑、匀称，体躯呈楔形。文昌鸡头小，单冠直立，呈红色；羽色较杂，有黄、白、黑、芦花等。

成年公鸡体重2.2千克，母鸡1.5千克。文昌鸡产肉性能非常好，特别是屠体皮肤薄、毛孔细，肌内脂肪含量高，皮下脂肪含量适中。成年鸡屠宰率公、母鸡均超过91%，半净膛率83%左右。

文昌鸡120～126日龄开产，产蛋率较低，500日龄产蛋量120～150个。笼养条件下就巢率约2.3%，平养条件下就巢率较高。

（4）鹿苑鸡。原产地及中心产区为江苏省张家港市和鹿苑市，并作为常熟四大特产之一。鹿苑鸡早在清代就已作为贡品供皇室享用，常熟等地制作的“叫花鸡”以它做原料，保持了香酥、鲜嫩等特点。

鹿苑鸡体型高大，头昂尾翘，胸部较深，背部平直。公鸡全身羽毛黄色，色彩较浓，尾部羽毛呈黑色，富有光泽。母鸡大部分呈黄色，少数呈麻黄色。公鸡鸡冠较大，冠齿5～6个，母鸡鸡冠小而薄。

成年公鸡体重2.6千克左右，母鸡体重2.4千克左右。鹿苑鸡产肉性能好，屠宰率较高，成年鸡屠宰率公、母鸡分别为92.4%和94.0%左右。屠体美观，皮肤黄色，皮下脂肪丰富，肉味浓郁。

鹿苑鸡160～175日龄开产，500日龄产蛋量约165个，蛋重48～59克。母鸡有一定的就巢性，平均就巢率约7%。

（5）溧阳鸡。俗称“九斤王”“九斤黄”，属于大型肉用品种。原产地为江苏省溧阳市，是江苏省西南丘陵山区的著名鸡种。溧阳鸡体型较大，体躯略呈方形，胸宽、胫粗长，肌肉丰满，觅食力强。羽毛黄色或浅褐色，黄脚、黄喙、黄皮肤。

溧阳鸡早期生长速度较慢，性成熟较迟。成年公鸡体重3.9千克，母鸡2.7千克，屠宰率公、母鸡分别为90%和91%，公鸡腿肌比例可以达29%，胸肌比例19%。

溧阳鸡平均154日龄开产，66周龄产蛋量约145个，300日龄平均蛋重57克，蛋壳褐色。母鸡群体就巢比例约6.4%。

（6）杏花鸡。又称米仔鸡，原产于广东省封开县杏花乡。胸肌丰满，肌肉纤细，皮薄而皮下脂肪分布均匀，适宜烹制白切鸡。

杏花鸡结构匀称，被毛紧凑，前躯窄后躯宽，体躯似沙田柚。其外貌特征可以概括为“两细（头细、脚细）、三黄（羽黄、脚黄、喙黄)、三短(颈短、体躯短、腿短)”。公鸡头大、冠大，羽毛呈黄色，略带金红色；母鸡头小，羽毛黄色或淡黄色，颈基部有黑斑点，俗称“芝麻点”，形似项链。

杏花鸡体型较小，成年公鸡体重1.5千克，母鸡1.2千克，产肉性能好，屠宰率公、母鸡平均都在92%左右，腿肌率和胸肌率分别为25% ~ 27%和16% ~ 17%。

杏花鸡平均154日龄开产，产蛋率较低，年产蛋95 ~ 130个，300日龄平均蛋重45克，蛋壳褐色。母鸡就巢性较强。

2.蛋用型

(1)仙居鸡。又称仙居三黄鸡、梅林鸡，是浙江省优良的小型蛋鸡地方品种。主要产于浙江省仙居县及邻近的临海、天台、黄岩等地。

仙居鸡体态匀称，结构紧凑，全身羽毛紧密贴体，尾羽高翘，背平直，骨骼纤细。羽色以黑羽居多，黄羽次之，白羽略少。皮肤呈白色或浅黄色，颈色以黄色为主，少数为青色。仙居鸡神经敏捷，易受惊吓，善飞跃，具有蛋用鸡的体型和神经类型。

仙居鸡体型较小，成年公鸡体重1.7千克，母鸡1.3千克。平均145日龄开产，母鸡就巢性弱，产蛋率高，66周龄产蛋量172个，平均蛋重44克，蛋壳浅褐色。

(2)济宁百日鸡。原产于山东省济宁市郊，主要分布于任城、泗水、汶上、兖州、邹城等地。济宁百日鸡属于体型较小、觅食力强、开产早的优良品种。

济宁百日鸡体型小而紧凑，羽毛紧贴身体，体躯略长，头尾上翘，背部呈U形。头型多为平头，有10%比例的凤头。羽色有黄色、黑色、白色3种，以黄色多见。脚主要有铁青色和灰色2种，皮肤以白色居多。

济宁百日鸡母鸡性成熟早，100 ~ 120日龄开产，称为“百天鸡”，开产体重1.1千克。成年体重公、母鸡平均1.4千克。年产蛋量可以达到180 ~ 190个，蛋重较小，平均蛋重42克，蛋壳粉红色。母鸡就巢比例较低，占群体的5% ~ 8%。

(3) 白耳黄鸡。又称白耳银鸡、江山白耳鸡、玉山白耳鸡、上饶白耳鸡，以全身羽毛黄色、耳叶白色而得名。主产于江西上饶广丰地区，是我国稀有的白耳蛋用早熟鸡品种。

白耳黄鸡以“三黄一白”为特征，即黄羽、黄喙、黄脚，白耳，耳叶大，呈银白色。成年公鸡体躯呈船形，母鸡呈三角形，结构紧凑，匀称。

白耳黄鸡体型较小，成年公鸡体重1.4千克，母鸡1.2千克。平均152日龄开产，产蛋率较高，300日龄平均产蛋量117个，500日龄产蛋量197个。300日龄平均蛋重54克，蛋壳深褐色。群体中约有15%的母鸡表现就巢性，但就巢性较弱，就巢时间短。

3.兼用型

(1) 北京油鸡（图18）。原产地在北京城区北侧安定门和德胜门的近郊一带，是我国珍贵的优良地方鸡种。该鸡在清朝已经出现，曾作为宫廷御膳用鸡，史料中有“太后非油鸡不食”的记载。1988年，爱新觉罗·溥杰题词“中华宫廷黄鸡”。1949年曾被选为“开国第一宴”的国宴用鸡。

北京油鸡不仅具备羽黄、喙黄、胫黄的“三黄”特征，而且还具备罕见的毛冠、毛腿、毛髯的“三毛”特征和五趾特征。成年鸡羽毛厚密而蓬松。公鸡的羽毛色泽鲜艳光亮，头部高昂，尾羽高翘，多呈黑色。母鸡的头、尾微翘，胫部略短，体态敦实。

图18　北京油鸡

北京油鸡属于中等体型，成年公鸡体重2.5 ～ 2.8千克，母鸡1.8 ～ 2.0千克。北京油鸡增重较慢，一般100 ～ 120日龄方能上市，体重1.4 ～ 1.6千克，但肉质优良，鸡味浓郁，口味鲜美。烹调时即使只加水和盐清煮，鸡汤也非常鲜美，无任何腥味。

北京油鸡性成熟较晚，母鸡平均150日龄开产，平均年产蛋180个，平均蛋重50 ～ 52克。蛋壳粉色、浅褐色、淡紫色。母鸡就巢性较强，群体就巢率约20%。

（2）太行鸡。原产地为河北省太行山区和山麓平原，中心产区是河北省沙河、赞皇、涞源等地。主要分布在河北省境内的邯郸以北、涞源以南的太行山区及周边地区。太行鸡长期适应于粗放的管理条件，具有抗病力和抗逆性强，耐粗饲，觅食力强的特点。太行鸡肌肉鲜红，氨基酸含量丰富，适于制作北方传统佳肴。

太行鸡外貌清秀，体型小、匀称、结实、皮薄骨细，头较小、颈细，尾翘、尾羽较长。羽毛颜色以麻花色为主，其次有黑色、白色个体。

成年公鸡体重平均1.6千克，母鸡1.2千克，平均屠宰率公、母鸡分别为89.5%和87.8%。

太行鸡平均158日龄开产，500日龄产蛋量155个左右，平均蛋重47克，蛋壳粉色，可腌制、制作松花蛋。

（3）固始鸡。原产于河南省固始县，安徽省霍邱、金寨等地也有分布。固始鸡在当地已有上千年的饲养历史，据《固始县志》记载，固始鸡在清朝乾隆年间就作为贡品上贡朝廷。

固始鸡体型中等，体态匀称。喙短略微弯曲，喙尖带钩，呈青黄色。皮肤多呈白色，少数呈黑色。胫、趾呈青色。公鸡羽色为深红色或黄色，颜色鲜亮，母鸡羽色以麻黄色和黄色为主。

成年体重公鸡2.2千克，母鸡1.8千克。成年公鸡平均屠宰率89.4%，母鸡平均88.7%。

固始鸡160 ~ 180日龄开产，开产体重1.5 ~ 1.6千克，初产蛋重43克，蛋壳褐色。68周龄产蛋158 ~ 168个，平均蛋重52克。母鸡散养条件下有就巢性，比例约20%。

（4）寿光鸡。又称慈伦鸡，原产地为山东省寿光市稻田镇一带，以慈家村、伦家村饲养的鸡最为纯正。据《寿光县志》记载，在寿光境内的古城等乡均设有斗鸡台，供群众斗鸡娱乐，产区特有的生态环境和劳动人们的选育，形成了寿光鸡体型大、蛋大、斗鸡体型等特点。

寿光鸡体型高大，骨骼粗壮，胸部发达，腿高而粗，脚趾大而坚实，具有黑羽、黑喙、黑爪的“三黑”特点。公鸡体躯近似方形，母鸡呈元宝形。全身羽毛纯黑，喙、胫、趾黑色，皮肤呈白色。

寿光鸡成年公鸡体重3.2千克，母鸡2.8千克。寿光鸡屠宰率较高，成年公、母鸡平均屠宰率均在92%以上，成年母鸡脂肪沉积能力较强，耐粗饲，易肥，肉味鲜美。

寿光鸡开产较晚，平均190日龄，年产蛋量140 ~ 144个，蛋重较大，蛋壳褐色，300日龄平均蛋重65克。寿光鸡母鸡就巢比例非常低，不到1%。

(5) 狼山鸡。我国著名的兼用型地方鸡种，原产于江苏省南通市如东县，因产地为游览胜地狼山而得名。该鸡于1872年首先传入英国，继而又从英国传入美国、德国、法国、日本等国家，载入各国的家禽品种志，并参与了当代著名的奥品顿鸡、澳洲黑鸡等鸡种的育成。

狼山鸡体型较大，头昂尾翘，背部较凹，呈U形。头部短圆，俗称"蛇头大眼"。羽色多呈黑色，少数呈白色，偶见黄色。喙、胫黑色，皮肤呈白色。

狼山鸡遗传稳定，适应性及抗病力强，肉质鲜美、香气浓郁。成年公鸡体重2.6千克，母鸡2.0千克，屠宰率公、母鸡分别为89%和91%。

狼山鸡平均155日龄开产，500日龄产蛋量185个，平均蛋重50克。母鸡就巢比例约16%。

(6) 东乡绿壳蛋鸡。又称东乡黑羽绿壳蛋鸡，原产地为江西省抚州市东乡区。主要分布于东乡区各乡镇，江苏、湖南、陕西、湖北等省也有分布。

东乡绿壳蛋鸡以乌皮、乌骨、乌肉和绿壳蛋为主要特征。体躯呈菱形，羽毛黑色，有少数个体羽色为白色、麻色或黄色。冠、喙、皮、肉、骨、胫、趾多呈乌黑色。公鸡冠呈暗紫色，肉髯长而薄。

东乡绿壳蛋鸡体型较小，成年公鸡体重1.7千克左右，母鸡体重1.3千克左右。平均屠宰率公、母鸡分别为89.3%和90.8%。

东乡绿壳蛋鸡170 ~ 180日龄开产，500日龄平均产蛋量152个，开产蛋重30克，300日龄平均蛋重48克，500日龄平均蛋重50克，母鸡就巢率约5%。

(7) 旧院黑鸡。原产地为四川省万源市的旧院、白羊等乡镇，经当地自然选择和人工选择形成的地方品种，属于体型较大、耐寒性较强的兼用型鸡种。

旧院黑鸡体型较大，羽毛呈黑色，喙、胫、爪也多呈现黑色。皮肤有白色和乌黑色两种颜色。少数个体胫部有胫羽。旧院黑鸡成年公鸡体重2.7千克左右，母鸡2.2千克左右。成年公鸡屠宰率86.9%左右，母鸡屠宰率90.6%。

旧院黑鸡母鸡平均144日龄开产，年产蛋量平均168个，开产蛋重35.9克，平均蛋重50.2克。蛋壳浅褐色居多，浅绿色约占5%。旧院黑鸡就巢比例较高，70%以上。

4.观赏型

（1）河南斗鸡。又称中原斗鸡，属于玩赏型地方品种。河南斗鸡原产地为河南省开封市。是我国古老的地方鸡种，具有较强的斗性。

河南斗鸡根据体质类型分为4种：粗糙疏松型、细致型、紧凑型和细致紧凑型，其中以紧凑型和细致紧凑型居多。河南斗鸡羽色种类也较多，有黑色、红色、紫色、白色、花色等多种颜色。头小，呈半菱形，头皮薄而紧。喙短粗，呈半弓形，河南斗鸡骨骼较普通鸡发达，但生产性能较差。

河南斗鸡成年体重公鸡约3.2千克，母鸡2.5千克。屠宰率较高，公、母鸡平均92%以上。屠体皮肤粉白色，肌纤维中脂肪含量较少低，肉质较鲜，肌纤维细嫩，清炖时味道鲜美。

河南斗鸡性成熟较晚，平均246日龄开产，年产蛋量100个，平均蛋重50～60克，蛋壳褐色、浅褐色，蛋壳较厚。母鸡就巢率较高，约70%。

（2）鲁西斗鸡。原产于山东省西南部的菏泽、鄄城、曹县、成武等地。据史料记载，鲁西斗鸡有2 000多年的饲养历史。

鲁西斗鸡体型高大，呈半菱形，体质健壮，肌肉丰满，斗性强。具有“鹰嘴、鹅颈、高腿、鸵鸟身”的特征。头小，头皮薄而坚，脸狭长，毛细。羽色种类较多，主要有黑色、红色、白色，还有紫羽和花羽等。公鸡胸肌发达，胫长腿高；母鸡腰背部平直，后腹部“蛋包”突出且明显。成年公鸡体重平均3.9千克，母鸡2.8千克。成年鸡屠宰率较高，公、母鸡平均93%。

鲁西斗鸡开产日龄较晚，平均180 ~ 220日龄，年产蛋量60个，母鸡就巢比例较高，约70%，一般每年就巢一次。

5.药用型

丝羽乌骨鸡。又称泰和鸡、武山鸡、白绒乌骨鸡、竹丝鸡，肉蛋兼用，具有一定的药用和观赏价值。原产于江西省泰和县和福建省泉州市、厦门市以及闽南沿海等地。丝羽乌骨鸡是我国古老的鸡种之一，在13世纪末的《马可波罗行记》中就有记载。丝羽乌骨鸡由于外貌独特，曾在1915年被送往巴拿马万国博物展览会展出，从此誉满全球，世界各地动物园多用作展示鸡种。丝羽乌骨鸡性情温顺、适应性强、外形美观、肉质鲜嫩，且具有药用滋补价值，因而深受人们喜爱。

丝羽乌骨鸡体型较小，颈短，脚矮，结构细致紧凑，体态小巧轻盈（图19）。具有“十全”特征：桑葚冠、缨头、绿耳、胡须、丝羽、五爪、毛脚、乌皮、乌肉、乌骨。丝羽乌骨鸡成年公鸡体重1.7千克，母鸡1.6千克，屠宰率88% ~ 90%，肉和骨均为黑色，肉质细嫩，肉味醇香。

图19　丝羽乌骨鸡

丝羽乌骨鸡平均156日龄开产，300日龄产蛋70个，平均蛋重40克。母鸡就巢性较强，就巢鸡比例10% ~ 15%。

03 三、场地选择与设施环境

选择一处适合发展养鸡的林地，并营造出良好的养殖环境，是林下养鸡成功的重要基础。养殖场地要求远离村庄、交通要道和其他养殖场、屠宰场。林地选择以密度适中、通风良好的高大落叶乔木为佳。鸡舍建筑要求具备良好的保温隔热性能，做到冬暖夏凉。将自动喂料和自动饮水等现代化养殖设施应用于传统散养，可以大幅度提高劳动效率，降低人工成本。

（一）场地选择

1.场地选择总体要求

（1）场地选择原则。①环境安全原则。所选场地的土壤土质、水源水质、空气、周围环境等安全，不含有毒有害残留物质。②经济适用原则。在场地面积和饲养规模方面考虑经济适用，建议适度场地面积、适度饲养规模。③生态环保原则。根据场地综合条件，选择适合的养殖品种、数量和饲养方式，考虑如何处理粪便、污水和废弃物，减少对场地和周围环境的影响和破坏。

（2）整体环境要求。①气候条件。了解所在地近几年的气象资料，如年平均气温、最高气温、最低气温，夏季平均降水量、最大风力、常年主要风向等，为鸡舍建设以及不同季节的饲养管理提供参考。②交通条件。应选择靠近公路、消费地和饲料来源地的地方。场址要离交通主干线1 000米以上，既有利于防疫，也有利于运输要求。③水源。根据养殖规模、林地用水等情况考虑供水量是否充足。一般每只成年鸡每天的饮水量平均为300毫升，因此林地附近必须有可靠、充足的水源，并且位置适宜，水质良好，便于取用和防护。理想的水源是不经过处理或稍加处理就可饮用，水中不含病原微生物，无臭味和其他异味，水质澄清，有机物和重金属含量符合国家有关标准。养殖规模大的最好自备深井，以保证用水质量。④电源。养鸡场照明、增温、清粪、饮水、通风等设备均需要用电，因此要求电源充足，最好准备一台发电设备，以防止突然停电等。

（3）场址选择要求。新建鸡舍要远离村镇、交通要道，一般距离村庄1 000米以上，距离肉联厂、集贸市场、其他饲养场3 000米以上。鸡舍最好坐北朝南，便于光照充足。活动场地面比周围稍高，倾斜度以10° ～ 20° 为宜。

2.林地选择要求

（1）地势高燥、排水良好、空气清新。

（2）林地以落叶乔木为佳，最好是成林林地，夏季可为鸡遮阳。

（3）林地荫蔽度不能太大，最好能见阳光，否则林地夏季太潮湿，容易诱发肠道疾病，因此选择树木较为稀疏的林地为宜。

（4）若为果园林地，则以主干较高和生长期间用药少的果树为佳，如核桃园、枣园、柿园、桑树园、板栗园、山楂园、荔枝园等（图20至图23）。这些树主干较高、结果部位高、果实未成熟前外皮坚硬，不易被鸡啄食。而苹果园、梨园、桃园等由于树木主干较低，而且果实鲜嫩容易被鸡啄食受损，同时生长期内用药次数较多，因此，发展林下养鸡不是很好。

图20　杏树下饲养北京油鸡

图21　桑树下饲养北京油鸡

图22　核桃树下饲养北京油鸡

图23 沙枣树下饲养三黄鸡

（5）林地土质以沙壤土为佳。坡度不宜过大（不要超30°），坡度太大不容易进行鸡群管理。

（二）鸡舍建造

一般来说，大部分放养鸡的活动范围为50 ~ 100米，因此，鸡舍建造位置最好靠近林地，距离不要太远。鸡舍周围树枝高度应高于鸡舍门窗，便于空气流通。

1.场区布局

一般根据饲养规模和生产管理要求，以及地形、生产流程等，将整个场区划分为不同功能区，如生活（办公）区和生产区。生活（办公）区应与生产区有一定距离，最好设在与生产区风向平行的一侧，用围墙进行分隔，并设有消毒间（池）。生产区包括鸡舍和林地散养区。

根据主导风向，鸡舍由上风向下风排列顺序为：育雏舍、育成鸡舍、成年鸡舍、病死鸡及废弃物处理点等。在地势和风向不一致时，一般以风向安排为主。

鸡舍一般均采用南、南偏东或南偏西的朝向。冬季阳光入射角小，鸡舍内可获得更多的太阳辐射热能以取暖；夏季阳光入射角大，阳光通过窗口射入鸡舍地面的范围小，可避免更多的辐射热。

道路设置：场区内道路应分为净道和污道，互不交叉，各自形成环形道，以利于防疫。净道用于运输雏鸡、饲料和清洁设备，污道用于运输出栏商品鸡、鸡粪和病死鸡等。

2.鸡舍基本要求

（1）保温隔热。保温是指鸡舍内热量损失少，在冬季舍内温度比舍外温度高，使鸡不感到寒冷，以利于鸡生长和正常产蛋。隔热是指夏季舍外的高温不辐射传入舍内，使鸡感到凉爽，以减少鸡的消耗，可提高鸡的生长速度和产蛋量。一般鸡舍温度宜保持在16 ～ 25℃，育雏舍在育雏前期温度宜保持在30 ～ 35℃。

（2）便于采光。鸡舍内光照充足是养好鸡的一个重要条件。光照可促进鸡的新陈代谢，增进食欲，从而增加生长速度。光照也能促进鸡的生长发育，促进性成熟。一般鸡舍坐北朝南或坐西北朝东南时有利于自然采光。

（3）通风良好。一般采取自然通风方式，南北设窗户，让空气对流。在鸡舍保温前提下还可配备通风换气设备，以保持鸡舍内通风良好，空气新鲜。

（4）有利于防疫消毒。鸡舍内以水泥地面为好，具有一定的坡度和充足的下水道，以便清扫和消毒。四周墙壁及顶棚要光滑，便于冲洗消毒。

（5）坚固而严密。鸡舍要坚固，防风雨雪等恶劣天气，防鼠、猫等敌害侵入，鸡舍的墙面、门、窗要严密，无贼风。

（6）经济实用。鸡舍建筑在满足鸡所需的温度、光照和防疫等条件的前提下，本着经济实用的原则，因地、因材制宜，尽量降低建筑造价，降低建设成本。

3.鸡舍分类和特点

根据鸡舍是否有窗户、是否自然通风，分为密闭式、半封闭式鸡舍和开放式鸡舍等（图24、图25）。全封闭式鸡舍四壁无窗，仅有作为进风口的侧窗，舍内环境全靠机械设备自动控制。目前林地养鸡还没有采用全密闭式鸡舍的。大多数仍采用半封闭式鸡舍，南北设窗户，进行自然通风。开放式鸡舍前侧

图24　半封闭式鸡舍

图25　普通型鸡舍

或前后两侧均无固定墙体，仅有围网和可以升降的卷帘，投资少，成本低，适合于冬季气温较高的南方使用。

根据用途将鸡舍分为育雏舍、育成舍和成年鸡舍。育雏舍主要用于饲养6周龄以内的雏鸡。育成鸡舍，也称青年鸡舍，用于饲养6周龄至上市前的商品肉鸡或产蛋用的后备青年鸡。成年鸡舍用于饲养产蛋鸡。

按照屋面结构可以分为单坡式、双坡式和平顶式。实际生产中以双坡式鸡舍居多。

鸡舍跨度一般8 ~ 10米，檐高2.4 ~ 3.0米。鸡舍长度根据地形和养殖规模确定，但长度一般不超过100米。窗户面积应为地面面积的1/8 ~ 1/6，一般前窗大、后窗小。舍内安装照明灯，配齐喂料、饮水、产蛋等设备。

育雏舍要求墙壁厚实，保温性能良好。檐高可以稍矮一些，便于保温。墙体和屋顶最好采用保温材料处理。育雏方式推荐采用笼养或者网上平养（图26、图27）。配置热风炉等供暖设备。

图26　4层叠层育雏器（水槽、料槽悬挂在育雏器四周）

图27　3层阶梯式笼养育雏（乳头饮水器饮水，人工喂料）

育成舍和成年鸡舍，均要求通风良好，光照充足，除粪方便。可以采用地面平养或网床平养方式。地面平养时一般铺设稻壳等作为垫料，方便鸡抓刨以及消纳粪便，减少鸡舍臭味（图28）。

图28　母鸡平养

鸡舍靠近外围林地一侧的墙上每隔一定距离开门洞（出入口，图29），方便鸡只进出鸡舍。每300只鸡必须有一个出入口，出入口高度不低于45厘米，宽度1米。在北方地区，必须注意出入口冬季保温的问题。冬季可以外挂棉帘（图30），白天掀起，夜间气温低时可以放下门帘保暖。最好是将出入口做成塑钢推拉窗的形式，白天开启，晚上关起保温（图31）。

图29　林地鸡舍门洞

图30　冬季门洞上挂棉帘

图31　采用塑钢窗制作的鸡群出入口，冬季可以很方便地关闭，利于保温

在气候温和地区，如果养殖规模不大，也可以就地取材，因陋就简，采用现有的材料如油毡、毛纺布及竹木、茅草等，依林地周围地势较高、背风向阳的平地，搭建成一个简易鸡舍。可以搭成金字塔形，门朝南，另外三边着地，要求做到雨天不漏雨，刮风舍内不串风。或者用竹、木等搭成“人”字形框架，棚顶高2米，南北檐高1.5米，用塑料薄膜扣棚，接触地面的边缘部分用土压实，棚顶罩上尼龙网罩并用绳子扣紧，防止被风吹倒刮跑。塑料大鹏鸡舍如图32、图33所示。

图32　鸡舍外修建塑料大棚，冬季可以增加舍内温度，鸡群可以在大棚内活动

图33　外修建塑料大棚的鸡舍，夏季前侧卷帘收起以便通风，大棚顶部增加遮阳网隔热

4.林地鸡舍典型样例

我国不同地区由于地理、气候、林地种类、环境不同，所采用的林地、鸡舍类型等均不同。下面举一些典型的林地鸡舍例子来说明。

北京绿多乐农业有限公司绿嘟嘟农庄在杨树林下饲养北京油鸡，逐步改进鸡舍类型：第一种为竹木结构搭建的可移动小型鸡舍（图34），采用角铁、方管、竹片和木条搭建，每个3米^{2}左右，饲养45 ～ 50只鸡。底部距地面30 ～ 40厘米，方便漏粪，食槽和水槽都挂在鸡舍外面。这种鸡舍投资少，可移动，但冬季不保温，适合于春、夏、秋三季饲养商品肉鸡。第二种鸡舍为夹芯预制板搭建的固定式小型鸡舍（图35），宽4米，长5米，饲养120只产蛋鸡，食槽和饮水器放在舍内。舍内地面铺设垫料，配置产蛋箱。舍外设置活动场10米^{2}左右，后来继续扩大活动场至40米^2。活动场用金属围网围住。林下植被丰富时可将鸡从活动场放出，使其到草间或者林间活动觅食。林下植被需要恢复时，将鸡群限制在活动场内，避免过度放牧。第三种鸡舍则是采用自动化料线、水线、集蛋带的自动

图34　林地可移动小型鸡舍

化散养舍（图36、图37）。舍内铺设网床，鸡只在网床上生活。白天可以自由进出到外面场地活动，夜晚回到鸡舍休息。

图35　林地固定式小型鸡舍

图36　林地自动化散养鸡舍内景

图37　林地自动化散养鸡舍外景

四川省眉山市丹棱县杨场镇狮子村发展了“藤椒—草—鸡”模式，鸡舍采用竹木结构，顶盖用石棉瓦或油毛毡、稻草、玻纤瓦等材料搭建。棚舍中间高两边低，四周挖排水沟。鸡舍内放置固定的料位和饮水器。鸡舍宽4米、长8米、中间高1.5米、两侧高1.0米。

广西国有派阳山林场在八角树下饲养本地土鸡，按每平方米15 ~ 20只的密度设计鸡舍面积。鸡舍为开放式结构，四周不建墙壁，仅靠立柱支撑。立柱用水泥柱或杉木，屋顶用石棉瓦，屋架用杂木等材料构建而成。鸡舍跨度8米，屋檐高2米，长度视地形而定，四周用彩条布等材料做成活动卷帘。在鸡舍地下铺设烟道保温系统，地面用水泥硬化。

海南在橡胶林下饲养文昌鸡，所采用的鸡舍屋顶结构轻便，具有防水、防火和防风性能，脊高3.0 ~ 3.5米，檐高2米；在屋顶的脊线上，设置1.5米 × 3.0米的换气窗，换气窗高出鸡舍脊线0.5米；换气窗内做可调节换气大小的调节板。地面采用混凝土地面，厚度为8 ~ 10厘米；地面也可以设计为中间低（鸡舍正中间），侧墙两边高（有3° ~ 5°的倾斜），便于清理鸡粪，中间低的方向以操作间（人员活动区）高、脏道一端（风机端）低为宜，一般有5° ~ 8°的倾斜，以便于将清洗鸡舍的污水全部排除。鸡舍以外有相连接的不渗漏的管道或明沟将污水排出围墙外，做无害化处理。

贵州柳江畜禽有限公司在安顺市采用原生态山地养鸡，开发了6米^{2}规格的“小别墅”鸡舍。该鸡舍从功能上划分为休息区和活动区两部分，休息区是一个周围有围板的小区域，面积2米^2，主要功能是饮水、补料、栖息、产蛋、防风寒，配置一个直接通往舍外的步梯活动区，包括沙浴池和运动场。沙浴池1米^2，运动场3米^2，供鸡沙浴和舍内活动。一般一个小鸡舍饲养20只鸡。鸡舍周边种植牧草（最好是苜蓿与黑麦草混播），用于给鸡补饲。

新疆生产建设兵团农五师91团在精河县利用当地沙枣林、枸杞林进行林下养鸡，采用中间砌土墙，两侧设置大棚方式搭建鸡舍，每侧鸡舍跨度8米，长80 ～ 100米。采用网床饲养，设置自动料线、水线，鸡白天可外出活动，夜晚回舍休息。大棚上搭保温被或草帘保温隔热（图38、图39）。

图38　新疆大棚鸡舍内景

图39　新疆大棚鸡舍外景

（三）养殖设备与环境控制

1.养殖设备

（1）喂料设备。养鸡的一种重要设备，因鸡的大小、饲养方式不同对其要求也不同。基本要求是平整光滑、采食方便、不浪费饲料，便于清洗消毒。可采用木板、毛竹、硬质塑料或镀锌铁皮等制成。

育雏期间可用小料盘或小食槽，每只鸡占用食槽长度4厘米。3周龄后采用大食槽，每只鸡占用食槽长度约8厘米（13只/米）。小食槽底宽5 ~ 7厘米，高5 ~ 6厘米；大食槽深10 ~ 15厘米，长70 ~ 100厘米。食槽内最好放置挡板或料隔，防止鸡跳入食槽或蹲在槽上排便。林地料槽见图40。

图40 林地料槽

对于自动化鸡舍，可使用链式或盘式自动喂料系统，其优点是可根据不同周龄鸡的采食量随时调整下料量，同时具有均匀喂料装置，节约饲料，省时、省力，减少饲养员劳动强度的优点。

（2）饮水设备。一般有水槽、饮水器等。舍外一般用水槽（图41），舍内一般使用饮水器（图42、图43）。水槽分V形和

图41　林地水槽

图42　育雏舍饮水器

图43　乳头式饮水器自动饮水

U形2种，材料有镀锌板、塑料、玻璃钢、聚氯乙烯管等，深度为50 ～ 60毫米，上口宽50毫米左右，长度按需要而定。

饮水器包括真空式、吊塔式、乳头式、杯式饮水器。平养鸡舍多用真空式、吊塔式或乳头式。吊塔式饮水器是由水盘和储水桶组成，储水桶有1升、1.5升、9升等规格。一般按照每只鸡2.5厘米的位置，备足饮水器。

过滤器可滤去水中杂质。若使用水塔供水，一般水压为51 ～ 408千帕，适用于水槽或吊塔式饮水器；若使用乳头式或杯式饮水系统时，必须安装减压装置。减压装置常用的有水箱和减压阀2种，尤其是水箱，结构简单、便于投药，生产中应用较普遍。

目前很多鸡场均采用乳头式饮水器，这种饮水器可保持供水新鲜、纯净，极大减少发病率，减少用水，且无湿粪现象，有利于改善舍内环境。其由阀芯与触杆组成，直接同水管相连。由于毛细管的作用，触杆端部经常悬着1滴水。鸡需要饮水时，只要啄动触杆，水即流出。鸡饮水完，触杆将水路封住，水即停止外流。这种饮水器一般安装在与鸡头部高度相当的位置，让鸡抬头喝水。高度根据鸡的日龄和头部位置随时进行调整。

（3）栖息设备。鸡有在高处栖息的习性。每到天黑之前，总是到处找高处栖息。所以鸡舍内最好提供栖架供鸡栖息，避免鸡直接卧于地面。栖架可以有多种形式，如“人”字形、阶梯形、平铺型，可以靠在一侧墙上，也可立于鸡舍中间（图44、图45）。可以采用竹竿、木棍或者镀锌管等进行搭建，一般栖木总长度至少应保证20%的鸡自由栖息，每只鸡需有15 ～ 20厘米的栖木距离。栖木的直径以4 ～ 6厘米为宜。各层栖架之间的垂直高度应为45 ～ 50厘米。栖木连接处的缝隙不要超过1.5厘米，避免栖木卡住鸡脚。此外栖木不应置于水槽、食槽上方。

图44　舍内立式栖架

图45　舍内斜式栖架

（4）产蛋设备。蛋用鸡舍在鸡产蛋前2周左右，开始在舍内放置产蛋箱或者搭建产蛋窝，以便于鸡只提前熟悉产蛋位置，减少地面蛋、窝外蛋。产蛋箱可以采用简易的筐、篓并排放置，可以采用砖等垒砌，也可采用镀锌铁皮等焊制（图46、图47）。里面铺设稻草等柔软垫料。要注意保证提供充足的产蛋窝位，一般每5～6只鸡1个产蛋窝位。太多或太少产蛋窝位均不利于鸡产蛋。

图46　舍内标准化产蛋箱

图47　舍内自制产蛋箱

（5）围栏和遮阳设备。使用围栏的目的一方面是将外界同林地隔离开来，使外界的人和动物不能轻易进入；另一方面也可将林地分隔成一个个小的区域，方便控制鸡只在固定区域内活动。围栏可采用塑料、铁丝网等，一般高1.8米左右（图48、图49）。

夏季天气炎热时，如果林地树木稀少，活动场地较大，也需搭建遮阳棚，供鸡避暑休息。遮阳棚可以选用多种材料，利用黑色遮阳网或者草帘等（图50）。

图48　鸡舍外围栏

图49　林地围栏

图50　林地遮阳网

（6）舍内增温设备。雏鸡对温度要求较高。育雏舍需要增温供暖。常用的增温设备有烟道、电热伞、红外线灯、远红外线加热器、煤炉、暖风机、热风炉等。

烟道：有地上水平烟道和地下烟道2种。地上水平烟道是在育雏室墙外建1个炉灶，根据育雏室面积的大小在室内相应用砖砌成1个或2个烟道，烟道一端与炉灶相通，烟道另一端穿出对侧墙后沿墙外侧建1个较高的烟囱，烟囱应高出鸡舍1米左右，通过烟道对地面和育雏室空间增温。地下烟道与地上水平烟道相比差异不大，只不过炉灶和室内烟道建在地下。烟道增温应注意烟道不能漏气，防止一氧化碳中毒。其优点是室内空气新鲜，粪便干燥，可减少疾病感染，适合于农村农户养鸡或者小规模鸡场。

电热伞：又称保姆伞，分折叠式和非折叠式2种。伞内热源有红外线灯、电热丝、煤气燃烧等，采用自动调节温度装置。折叠式保姆伞适用于网上育雏和地面育雏。伞内用陶瓷远红外线加热，伞上装有自动控温装置，省电，育雏效率高。非折叠式电热伞，长、宽各为1 ～ 1.1米，高70厘米，向上倾斜45°，一般可用于250 ～ 300只雏鸡的保温。电热伞外围一般要加护围，以防止雏鸡远离热源而受冷，热源与护围的距离为75 ～ 90厘米。雏鸡3日龄后护围逐渐向外扩大，10日龄后撤离。

红外线灯：利用红外线灯泡散发出的热量育雏，简单易行，被广泛采用。一般分为有亮光和无亮光的，生产中大部分是有亮光的。为了增加红外线灯的取暖效果，可在灯泡上部制作一个大小适宜的保温灯罩。红外线灯的悬挂高度一般离地25 ～ 40厘米，并根据育雏的需要进行调整。一只250瓦的红外线灯在室温25℃时一般可给110只雏鸡保温，20℃时可给90只雏鸡保温。采用红外线灯育雏时最好采用乳头式饮水器，因为其他饮水方式可能将水点溅到红外线灯上，使灯泡有爆裂风险。

远红外线加热器：远红外线加热器是由一块电阻丝组成的加热板，板的一面涂有远红外涂层，通过电阻丝热激发红外涂层，而发射一种肉眼见不到的红外光，使室内增温。安装时将远红外线加热器的黑褐色涂层向下，离地2米高，用铁丝或圆钢、角钢固定。8块500瓦远红外加热板可供50米^{2}育雏室加热。最好是在远红外加热板之间安上一台小风扇，使室内温度均匀。这种增温方法耗电量较大，但干净、温度有保证，适合不能用煤只能用电的区域。

此外，还有煤炉、暖风机、热风炉等，多用于地面育雏或者鸡笼内育雏舍内增温。暖风机主要由空气加热器和风机组成，空气加热器散热，然后风机送出，使舍内温度得以调节，适于短期使用。而热风炉的作用机理是利用热风作为介质和载体更大地提高热利用率，可以长期使用，比较适合养殖规模比较大的鸡舍（图51、图52）。

图51　鸡场热风炉

图52　育雏舍热风散热管道

（7）舍内降温设备。主要有湿帘/风机降温系统、喷雾系统等。湿帘/风机降温系统是利用水的蒸发降温原理来实现降温目的，包括湿帘箱、循环水系统、轴流式风机和控制系统4部分。一般在密闭式、半密闭式鸡舍较多使用。

喷雾有低压喷雾和高压喷雾两种。低压喷雾系统的喷嘴安装在舍内上方，以常规压力进行喷雾降温，降温速度较慢。而高压喷雾系统是由泵组、水箱、过滤器、输水管、喷头固定架组成，降温速度快。喷雾降温最好与风机联合使用，否则舍内湿度太大造成闷热。

（8）育雏设备。用于养育雏鸡。较常见的有平面网上育雏设备，将雏鸡养在平网上，好处是雏鸡不与地面粪便接触，减少疾病传播。平网可用金属、塑料或竹木制成，离地80～100厘米。网眼为1.2厘米×1.2厘米。还可以将雏鸡养在离开地面的重叠笼或者阶梯笼内。笼子可用金属、塑料或竹木制成，规格一般为1米×2米，好处是单位面积的育雏数量和房舍利用率较高。

（9）光照设备。鸡对光照要求很高，需要根据鸡的年龄来调节控制光照时间。光照设备包括照明灯、电线、电缆、光照控制系统和配电系统。现商品生产的光照控制器，可以设定程序控制开灯、关灯时间，简单方便，光照度可调，开关灯有渐明渐暗功能，可消除鸡的应激反应，防止惊群，被广泛使用。

照明灯一般包括普通白炽灯、日光灯、荧光灯和LED灯等。以往多采用白炽灯、日光灯和荧光灯，但其存在发光效率低、频闪、耗能大等问题，而LED灯是由二极管发射的一种节能灯，具有发光效率高、没有频闪、耗能低，并且可以根据鸡舍用光特点进行定制的特点，近几年开始逐步推广应用。

（10）通风换气设备。夏季气温超过30℃之后，鸡群会感到极不舒适，影响其生长发育和产蛋性能。此时除了采取降温措施外，加强舍内通风是主要的手段。常用的通风设备主要是风扇和风机。风扇有吊扇和圆周扇，风机主要是轴流式风机。通风方式包括采用风扇送风（正压通风）、抽风方式（负压通风）和联合式通风。安装位置最好在使鸡舍内空气纵向流动的位置。风扇的数量可根据风扇的速率、鸡舍面积、鸡只数量和体重大小来定。

（11）消毒设备。主要有火焰消毒器、喷雾消毒器、高压冲洗器、自动喷雾器等。

（12）抓鸡用具。林地养鸡一般还需准备抓鸡用具。简单的可自己制作，用1 ～ 1.5米长棍，在棍头上绑一个弯钩，便于从远处将鸡腿钩住，或者直接用几根铁丝绑在一起，头部弄弯，用于钩鸡腿，但这些自制的工具只用于抓捕个别鸡只，还要避免引起鸡群应激。

2.鸡舍环境控制

（1）温度、湿度和通风。通过温度、湿度和通风的管理给鸡创造一个适合生长的良好小环境，也就是协调好舍内温度、湿度和通风的关系。尤其是育雏舍需做好温度控制，较好的做法是设定好全期每天的温度曲线，以全期温度曲线为标准，再设定好每天最高温度值和最低温度值，以最高温度值和最低温度值再做两条曲线，在最高温度和最低温度曲线内进行温度的控制。

6周龄后若舍外温度在20℃以上，舍外没风情况下可以放鸡到舍外活动。外界温度较低时，则推迟放鸡外出的时间。

对于鸡舍内昼夜或两端温差较大的，舍内分栏要小一点，以防止栏内鸡只向温度舒适的地方移动，造成部分饲养区密度过大影响鸡只采食。

鸡舍在3日龄之后就可以适当开窗进行自然通风，第一次开窗要在白天舍内温度最高的时候进行。之后可依据舍内温度高低决定开窗数量或者时间。

通风的目的是控制温度和湿度，排除舍内有害气体如氨气和粉尘，同时供应新鲜空气。在冬季，如何协调好温度和通风的关系是一个关键。冬季通风的原则是保持最小通风量，控制温度要用增温设备来解决，控制湿度要防止供水设备漏水和鸡只腹泻。

鸡舍湿度的管理主要集中在育雏期间。育雏前期提高舍内湿度，育雏后期控制舍内湿度，育成期降低舍内湿度。

（2）光照控制。光照能提高鸡只采食速度和鸡群的均匀度。光照控制的原则是确保光照均匀，确保灯具干净；光照管理的目的是保证鸡只的采食时间，促进其生产性能的正常发挥。育雏期光照控制的目的是促进鸡只自由采食，一般1 ～ 3日龄提供23小时光照，光照度为30勒克斯；4 ～ 7日龄光照22小时，光照度不变；8 ～ 14日龄光照20小时，光照度10勒克斯；15 ～ 21日龄光照18小时，光照度10勒克斯；22 ～ 42日龄，每周光照时数减少2小时，光照度5 ～ 10勒克斯。

(3)消毒。鸡舍内消毒的目的是最大限度消灭舍内病原微生物。消毒要点包括：按消毒剂浓度稀释消毒液；按要求使用消毒液的量；按周期性消毒程序进行消毒；尽量减少因消毒给鸡群造成的应激。每周2 ~ 3次带鸡消毒；接种活疫苗时停止消毒，接种弱毒苗前、中、后3天不消毒，接种灭活苗当天不消毒即可。

(4)保持环境卫生。对于没有采用垫料饲养的，或者采用网架、棚架进行平养的，每天及时清扫，保持舍内地面卫生，卫生差鸡舍容易成为细菌、病毒的集散地。此外，夏季鸡舍环境控制还包括消灭蚊蝇等。最好在鸡舍的进风口和出入门都钉上窗纱和门帘，防止和减少蚊蝇进入，同时减少舍内洒水、积水，有利于减少蚊蝇繁殖。

(四)林地养护管理

发展林地养鸡的目的是使林木和鸡二者相辅相成，既要有利于林木生长，也要有利于鸡只饲养，因此掌握二者的平衡发展是很重要的。

1.林地养护要点

(1)幼龄林的松土除草。对于低矮、未长成的幼龄林需要按照林木本身需求进行管理，松土除草是幼龄林管理中必不可少的一项工作。松土可增加土壤的空隙度，减少土壤热容量和导热率，有利于林木的生长；而除草主要是清除与幼林竞争的各种植物，排除杂草、灌木对林木生长的危害，而对于可食性草类，可单独刈割用来喂鸡。松土与除草一般可同时进行，也可根据实际情况单独进行。湿润地区或水分条件良好的幼林地杂草灌木繁茂，可只进行除草，干旱、半干旱地区或土壤水分不足的幼林地，往往以松土为主。松土除草同时进行时，最好把草翻压在土层里，当作肥料增加土壤有机质。

（2）林地灌溉浇水。林地灌溉对提高幼林成活率、保存率，促进林木快速生长具有十分重要的作用。林地是否需要灌溉要根据生长周期、气候特点、林木长势等来判断。从林木生长周期来看，幼林可在树木发芽前后或速生期之前灌溉，使林木进入生长期有充分的水分供应；从气候情况看，如北方地区7月、8月、9月这3个月降雨集中，一般不需要灌溉；从林木长势看，主要根据叶的舒展状况、果的生长状况来确定是否灌溉。林地灌水量随树种、林龄、季节和土壤条件不同而异。一般要求灌水后的土壤湿度达到相对含水量的60%～80%即可。

（3）林地排水。林地不能积水，夏季各地普遍多雨，如果林地排水不畅，很容易因降雨积水形成涝灾，影响树木成活和生长。因此要结合周围的河道沟渠，给林地建立完备的防涝排水系统，确保排水畅通。一般多雨季节或一次降雨过大造成林地积水成涝，应挖明沟排水。一般南方较北方排水时间多而频繁，尤以梅雨季节要进行多次排水，而北方7月、8月是排水的主要季节。

（4）林木养护。林木养护主要包括支撑固定、修枝整形、松土割草、地被栽植、病虫害防治、林地清洁等。新栽植的高大阔叶乔木和常绿树木，要设支架固定，防止苗木倾斜、倒伏，支撑点部位要加装防护垫。对已因风吹、浇水倾斜、倒伏的树木，要扶正踩实，重新绑好支架，再次浇水保活。同时认真做好病虫害的监测和防治，重点防治阔叶树木溃疡病、干腐病、春尺蠖、蚜虫、天牛和针叶树木锈病等病虫害。日常要清除林地内不能食用的杂草、石块、垃圾等废弃杂物，既要保持地面不裸露，又要避免草荒，减轻杂草与树木争夺水肥养分，确保林地清洁。

2.林地环境管理

林地环境管理主要集中在温度、林木修剪、林下植被的养护和利用等。雏鸡6周龄以后，且环境温度达到20℃以上时方可放入林地放养。对于已适应外界环境条件的成年鸡，当温度低于5℃时，也应限制鸡群外出活动，留在鸡舍内饲养。

按照林地果木需求定期对林木进行修剪，一方面便于林木生长，另一方面也避免细枝杈太多、太尖，鸡飞落上下时划伤。对林木尽量减少喷洒农药。林地、果园最好喷洒对鸡群无害的生物农药。如喷洒普通农药，应将鸡群圈养，待农药毒性消解后再将鸡群放出。

林下土地最好有植被覆盖，一般为各种杂草。为了充分利用土地，提高鸡的生长，可在林木较稀的林下土地划定区域进行适当的牧草种植。根据当地气候、土壤等外界条件，选择合适的牧草种类进行种植。待到牧草长成，可以阶段性地放鸡出来采食。

一般可食牧草包括豆科牧草如紫云英、苜蓿、紫穗槐等，非豆科牧草如黑麦草等，还有蔬菜类。这些植物一方面可以增进土壤肥力、改良土壤结构，另一方面可以作为鸡的饲料。北京怀柔某养殖合作社在果树下种植了大量中草药如紫苏、薄荷、甘草以及萝卜、大白菜（图53）等蔬菜，为鸡冬季补充营养。北京绿多乐农业有限公司的林下养鸡基地种植了大量菊苣和万寿菊（图54）作为鸡的饲料补充。菊苣营养丰富，不但可提供青绿饲料，而且其叶子碧绿肥厚，还具有观赏效果，同时其是多年生牧草，可降低种植成本。万寿菊花朵可以给鸡群提供叶黄素。

图53　林地种植大白菜

图54　林下种植菊苣和万寿菊

04 四、营养与饲料

土鸡需要从饲料中获取蛋白质、脂肪、糖类、矿物质、维生素和水，以维持正常生长发育和产蛋性能。在规模化、专业化林地养鸡过程中，土鸡从野外获得这些营养成分的数量非常有限，因此，必须高度重视土鸡饲料的配制，避免有什么就喂什么的错误做法。

（一）鸡需要从食物中获取的养分

为了使散养土鸡正常生长以及提高产蛋量，必须补充科学配制的饲料，那么到底什么是饲料呢？这里所说的饲料一般指的是配合饲料：指在动物的不同生长阶段、依据不同生理要求、不同生产用途的营养需要，以饲料营养价值评定的实验和研究为基础，按科学配方把多种不同来源的饲料，依一定比例均匀混合，并按规定的工艺流程生产的饲料。

那么土鸡要从配合饲料中获取哪些东西才能生长和产蛋呢？那就是广为人知的六大生命要素：蛋白质、脂肪、糖类、矿物质、维生素和水。为了维持生命与健康，保证机体的正常生长发育和繁殖，动物必须每天从食物中摄取这些物质，因此这些物质也被称为营养素。

1. 糖类

糖类包括单糖、寡糖、淀粉、半纤维素、纤维素、复合多糖以及糖的衍生物。主要由绿色植物经光合作用而形成，由碳、氢和氧3种元素组成。糖类是一切生物体维持生命活动所需能量的主要来源。它不但是营养物质，而且有些还具有特殊的生理活性，参与许多生命活动，是细胞膜及不少组织的组成部分，具有维持正常的神经功能，促进脂肪、蛋白质在体内的代谢作用。

2.脂肪

脂肪是组成动物体的一个重要组成成分，它被机体吸收后供给热量，是同等量蛋白质或糖类供能量的2倍；脂肪还是动物体内能量的重要的储备形式。油脂还有利于脂溶性维生素的吸收；维持动物正常的生理功能；体表脂肪可隔热保温，减少体热散失，支持、保护体内各种脏器以及关节等不受损伤。鸡体内的脂肪含量，尤其是肌内脂肪的含量，对鸡肉风味有较大的贡献。

3.蛋白质

蛋白质是构成机体和产品的主要物质，如肌肉、鸡蛋、血液、羽毛、皮肤、神经、内脏器官、激素、酶、抗体等主要由蛋白质构成。氨基酸为蛋白质的基本构成单位，鸡对蛋白质的需要实质上是对各种氨基酸的需要。氨基酸又有必需氨基酸和非必需氨基酸之分。必需氨基酸是指在动物体内不能合成，必须由饲料供给，包括赖氨酸、蛋氨酸、异亮氨酸、亮氨酸、色氨酸、组氨酸、苯丙氨酸、缬氨酸、苏氨酸、精氨酸和谷氨酸。目前用到的氨基酸添加剂主要为蛋氨酸和赖氨酸。非必需氨基酸在鸡体内可相互转化或由必需氨基酸转化而来，只要满足总蛋白质需求，就不会缺乏。

4.维生素

维生素是维持动物体正常生理功能必需的一类特殊的营养

物质，它们不提供能量，也不是机体的构造成分，需要的量很少，但在饲料中绝对不可缺少，在生理上起到调解和控制新陈代谢的作用，同时提高免疫力和抗病性，对动物的生长和繁殖都有作用。如某种维生素长期缺乏或不足，即可引起代谢紊乱，以及出现病理状态而形成维生素缺乏症。

维生素可以分为两大类：脂溶性维生素和水溶性维生素。生产上常用的脂溶性维生素包括维生素A、维生素D、维生素E，常用的水溶性维生素包括维生素B_1、维生素B_2、维生素B_6、维生素B_{12}、泛酸、烟酸、叶酸、生物素等。

5.矿物质

矿物质只占鸡体重4%左右，含量很低，但是作用非常大，是构成骨骼和蛋壳的主要成分，分布在全身各组织中，有些是维生素、激素和酶的主要组分，参与鸡体的新陈代谢、调节渗透压、维持酸碱平衡等，是鸡各种生理功能和生产活动所必需的物质。矿物质根据其在动物体中的含量多少，分为常量元素和微量元素，其中常量元素有钙、磷、钾、硫、钠、氯、镁（也称大量元素），微量元素有铜、铁、锌、硒、锰、铬、碘等。

6.水

水是所有生物赖以生存的重要条件。鸡的各种生理活动，包括对饲料中养分的消化吸收、养分的代谢合成、废物的排泄、血液循环和体温的调节均需要水的参与。缺水会导致各种生理功能的异常，缺水1天就会使产蛋迅速下降，恢复供水3周以后才能使产蛋恢复。缺水3天会使产蛋永久性下降，不可恢复。因此，给鸡提供干净清洁的饮水非常关键。林地散养鸡，饮水设备的设计非常重要，不仅要保证饮水的持续供应，还要保证饮水的清洁卫生。

（二）市面上常见的配合饲料种类

随着饲料工业的发展，饲料生产厂家根据养殖企业的各种不同的需求，提供了各种规格形式的配合饲料，根据原料养分组成和用途，养鸡常用的配合料大致可以分为如下几种。

1.全价配合饲料

包含了所有的养分并可以直接饲喂的配合饲料。是将所有能量饲料、蛋白质饲料、维生素和矿物质等原料，按照鸡的不同生理阶段营养的特定需求，经过精确计算，定量配合，并经过粉碎、预混合、混合等工艺加工而成，可以为鸡提供全面均衡的营养。全价配合饲料可呈粉状，也可压成颗粒，以防止饲料组分的分层，保持均匀度和便于饲喂。但是颗粒饲料成本较高，生产中更多采用的还是粉料。

2.浓缩饲料

又称平衡配合料或维生素-蛋白质补充料，是将饲料中用量最大的能量饲料去除，将蛋白质饲料、维生素原料、矿物质原料、食盐等按比例浓缩而成，通常蛋白质含量在30%以上，矿物质和微生物含量也高于鸡的需要量的2倍以上，因此不能直接饲喂。使用中，作为全价配合饲料的组分之一，用户按比例添加各种谷物补充能量，制成全价饲料才可以饲喂。这种饲料一般厂家会提供相应的配方和配制要求。

使用浓缩饲料可以减少运输和包装方面的损耗，弥补用户在非能量饲料方面养分的不足，使用方便，适用于具备一定养殖规模且能量饲料来源充足的养殖户，比直接使用全价配合饲料成本低。

3.添加剂预混料

由多种饲料添加剂加上载体或稀释剂按配方制成的均匀混合物。它的专业化生产可以简化配制工艺，提高生产效率。其基本原料添加剂大体可分为营养性和非营养性两类。前者包括维生素类、微量元素类、必需氨基酸类等；后者包括促生长添加物如抗生素等，保护性添加物如抗氧化剂、防霉剂、抗虫剂等，抗病药品如抗球虫药等，以及其他酶制剂和着色剂等。添加剂中除含上述活性成分外，也包含一定量的载体或稀释物。

由一类饲料添加剂配制而成的称单项添加剂预混料，如维生素预混料、微量元素预混料；由几类饲料添加剂配制而成的称综合添加剂预混料或简称添加剂预混料。

添加剂预混料对于全价配合饲料和浓缩饲料来说是一种原料，可供配合饲料厂家生产全价配合饲料和浓缩饲料，也可供有条件的养殖户配料使用。在配合饲料中添加量为0.5% ~ 3%。养殖户根据饲料厂家提供的参考配方，利用自家的能量饲料、蛋白质饲料，添加特定比例的预混料制成全价配合饲料。采用混合饲料比直接采用全价配合饲料和浓缩饲料成本更低一些，但是需要组织的饲料原料更多，采购和备料要求更高。

（三）土鸡养殖如何配制饲料

饲料配方的制定基于两大基础：

其一是鸡的饲养标准，也就是鸡对各种营养素的需要量。饲养标准是大量生产实践的积累，同时结合了科学的代谢试验以及饲养试验总结得到的。规定了鸡对能量、蛋白质、钙、磷、维生素和微量元素的需要量。这些指标的数值会因为鸡的品种、性别、生理期、生产目的的不同而有差别。

其二是饲料原料养分含量表。表中可以查到配方中可能用到的原料中各种养分的含量，比如可以查到玉米、豆粕、鱼粉、麦麸、棉籽粕、菜籽粕等原料中能量、蛋白质、钙、磷和各种氨基酸、微量元素的含量。这些指标数据是科研人员通过大量收集各种原料，通过化学测定和试验研究得到的。

有了这两个基础，还要了解不同原料的特性，才能科学合理地制定饲料配方。

1.了解不同饲料原料的特性

(1) 糖类饲料原料。糖类主要来源于谷物饲料，因此谷物饲料也称能量饲料。最常用的能量饲料包括：

玉米：①优点。能量含量高、纤维素含量低，适口性好，消化率高，畜牧生产中最常用的一种原料，素有“能量之王”的美称，鸡的饲料中玉米可占50% ~ 70%。黄玉米中含有类胡萝卜素、叶黄素和玉米黄质，对鸡的皮肤和鸡蛋有着色效果。②缺点。蛋白质含量低，尤其缺乏赖氨酸、蛋氨酸、色氨酸和钙、磷等。此外易受黄曲霉污染（图55、图56）。

图55　正常玉米

图56　发霉变质的玉米不能喂鸡

麦类：①优点。其中的小麦能量含量高，纤维含量少，蛋白质含量和氨基酸组成稍优于玉米，含有丰富的B族维生素。其中的大麦能量含量低，纤维含量高，需要去壳及粉碎才可以用于鸡的饲料。②缺点。麦类含有β-葡聚糖和木聚糖，降低饲料消化率以及引起腹泻，需要在饲料中添加β-葡聚糖酶和木聚糖酶等复合酶。麦类在鸡的饲料中的使用量在10%～30%。

稻谷、碎米：①优点。可以部分或者全部替代玉米，在南方水稻主产区可以降低饲料成本。②缺点。蛋白质含量低。

其他如高粱、米糠、麦麸等都可以提供一定的能量，但是不常用或者不作为主要能量饲料原料使用，所以不赘述。

（2）补充脂肪的饲料。脂肪主要来源于油脂类原料，包括动物油和植物油，植物油的吸收率高于动物油，在养殖生产中，为了提高饲料的能量水平，可以在饲料中适当加一些油脂，改善饲料利用率，一般在肉鸡饲料中用的较多，可以添加到3%～5%，产蛋鸡特殊情况下也有添加，用量在2%～4%。

（3）提供蛋白质的原料。饲料中蛋白质主要由蛋白质饲料原料提供，所谓的蛋白质原料一般是指粗蛋白质含量在20%以

上，粗纤维含量在18%以下的饲料原料，可以分为植物性蛋白质原料和动物性蛋白质原料。植物性蛋白质原料主要以各种油料籽实榨油后的饼粕为主，比如大豆饼（粕）、棉籽饼（粕）、花生饼、菜籽饼等，动物性蛋白质饲料包括鱼粉、蚕蛹粉、肉骨粉、血粉、羽毛粉等。后面几种动物性蛋白质由于生物安全问题正在被逐步禁用。

植物性蛋白质：主要是饼粕类。用压榨法加工的副产物称作饼，用浸提法加工的副产物称作粕。①大豆饼（粕）。所有饼粕类中，大豆饼（粕）的蛋白质含量最高，粗蛋白质含量可达40% ~ 45%，是鸡最理想的植物性蛋白质原料，用量可达日粮的10% ~ 40%，大豆饼（粕）的赖氨酸含量较高，但是蛋氨酸缺乏，在以豆粕为主要蛋白质原料的日粮中一般需要在饲料中补充蛋氨酸（图57）。②菜籽饼（粕）。粗蛋白质含量36% ~ 38%，蛋氨酸含量高，赖氨酸含量低，且含有有毒的芥子苷，可引起甲状腺肿大，需脱毒才能用于饲料中，用量不超过5%。③棉籽饼（粕）。粗蛋白质含量在22% ~ 40%，赖氨酸含量低，利用率低，且含有毒性物质棉酚，引起鸡的心、肺肿

图57　豆粕

大和公鸡不育，需脱毒使用，用量限制在5%以下。④花生饼。脱壳粗蛋白质含量可达45%，适口性好，但是赖氨酸和蛋氨酸含量都较低，且易感染黄曲霉，引起肝损伤和诱发肿瘤，用量限制在9%以下。

动物性蛋白质：鱼粉是最佳的蛋白质饲料，蛋白质含量高达65%左右，必需氨基酸全面，维生素和矿物质丰富均衡。有进口鱼粉和国产鱼粉之分，进口鱼粉质量较好，蛋白质含量高，盐分含量低，在饲料中可以添加10%～12%；国产鱼粉蛋白质含量低且盐分含量高，用量不宜超过7%。鱼粉原料有很严重的掺假和酸败问题，此外其中的肌胃糜烂素还会引起鸡的“黑色呕吐病”。

昆虫蛋白质：近年来随着昆虫养殖业的快速发展，昆虫蛋白质作为动物饲料中的优质蛋白质来源越来越引起大家的重视。我国饲料原料目录（2013年）中也已经将昆虫蛋白质列入其中。已经比较多的用于饲料中的昆虫蛋白质包括蚕蛹粉、黄粉虫、蝇蛆、蝗虫、黑水虻幼虫等。昆虫蛋白质可与优质的鱼粉相媲美，甚至优于鱼粉，大量的研究也已经证明可以替代鱼粉。但是由于产量及生产成本等问题，目前还没有在畜禽生产中大规模应用，但在小规模的养殖场以及一些福利程度比较高的养殖企业，应用范围比较广。

（4）补充维生素的原料。饲料中使用的维生素原料一般是工业化生产的产品，有单一的制剂，也有复合制剂。复合维生素制剂产品一般是饲料厂家根据鸡对各种维生素的需要量，将多种维生素按照一定的工艺混合而成。林地散养鸡在青绿饲料比较多的情况下，可以少喂或者不喂多种维生素。在各种冷热、疾病、转群的应激条件下，适当增加多种维生素的使用量。

（5）补充矿物质的原料。①常量元素。钙和磷主要通过磷酸氢钙、石粉、骨粉、贝壳粉等来补充。其中磷酸氢钙和石粉最为常用，磷酸氢钙是养鸡生产中钙和磷的主要原料，但一定要使用脱氟磷酸氢钙，在饲料中的比例可在0.5% ~ 2%。石粉是天然的碳酸钙，含钙量35%以上，是蛋鸡生产上主要的钙的供体，用量最高可达8%。骨粉由于生物安全以及加工上的安全问题，已经逐步被淘汰。贝壳粉和沙砾也是养鸡中较为常用的原料，钙含量超过30%。食盐用来补充植物性饲料中钠和氯的不足，一般在饲料中添加0.3%。在发生啄癖的鸡群，提高食盐添加量到0.5% ~ 1%有一定的防治啄癖作用。使用鱼粉的日粮应该减少食盐的添加。②微量元素。补充剂包括硫酸亚铁、硫酸铜、硫酸锰、硫酸锌、碘化钾、亚硒酸钠、氯化钴等。这些产品有单一制剂，也有厂家根据各种鸡的需要量配制的复合制剂，使用时注意不要过量添加以免造成中毒。

2.林地养鸡如何科学配制饲料

（1）根据自身情况选择适宜的饲料或配料方式。养殖群体较小的情况下，几百只到3 000只以内，适合采用全价饲料，以减少采购和备料的资金占用以及减少加工的人工费用。饲养规模超过5 000只，且能量饲料来源比较充足的地区，可以考虑采用浓缩饲料，需要配备1个饲料加工车间，配置粉碎机和混合机，或者一个小型的饲料机组，降低饲料成本。对于有条件的养殖户，养殖规模比较大，资金充足的情况下，可以自行采购玉米、豆粕、麸皮、部分矿物质原料，采用小比例的预混合饲料，按照厂家提供参考配方，自行加工全价饲料，降低成本同时提高饲料的质量，便于根据养殖的具体情况及时调整饲料的养分，提高养殖管理的精准性。这种情况需要配备一定规模的饲料加工车间，原料库房、成品库房、小型饲料加工机组、专门的生产加工人员，某些情况下还需要有对原料进行品控的技术人员。

（2）土鸡饲料的配制方法。养殖户选择预混料或者浓缩料作为饲料原料之一，饲料厂家会提供建议配方，某些情况下，如果养殖户没有配方中规定的原料，或者想用本地区特有的或者廉价的原料，厂家也会根据情况提供免费配方设计服务，饲料厂家都会有技术和经验比较丰富的配方师，这是他们产品售后服务之一。因此，现在的养殖户无须自己计算设计配方。

下面简要介绍一下饲料配方设计的基本常识以作为了解。

配方设计的计算方法主要有两种：试差法和线性规划法。线性规划法比较复杂，主要用于配方软件，适合规模化生产的饲料厂。一般养殖场多用试差法计算。试差法设计配方的基本步骤如下：

第一步查出所养品种、特定生产阶段的鸡的饲养标准，也就是营养需要量。比如产蛋率大于80%蛋鸡的代谢能需要量为11.5兆焦/千克，粗蛋白质16.5%，钙3.5%，有效磷0.33%，食盐0.37%，蛋氨酸0.63%，赖氨酸0.73%。土鸡一般参考地方品种肉用或蛋用鸡的饲养标准。

第二步根据当地的资源，选定所用的饲料原料。如玉米、豆粕、麦麸、预混料等。从饲料养分表中查出每种原料的养分含量。

第三步初步确定各种饲料原料在配合饲料中的大致比例，计算每种原料所能提供的蛋白质、能量、钙、磷、氨基酸等养分的数值，然后将其累加，得到次配方的养分值。

第四步将养分值与饲养标准相比较，根据差额调整各原料的比例，直到配方的养分值与标准相符合，配方设计完成。

一个好的饲料配方，并不仅仅是饲料原料的简单配比或者机械计算的结果，需要配方师熟悉各种原料特性，掌握如何根据养殖环境、养殖模式、饲喂模式等因地制宜地调整。

（四）如何通过饲料改善肉蛋品质

1.青绿饲料的使用

近年来生态涵养，退耕还林，出现了大面积的果园、林地，为了增加经济产出，发展果园、林下放养土鸡成了发展林下经济最受欢迎的一种模式。利用林下自然生草和人工种植方式，实现果园林地的生草覆盖，不使土地裸露，通过直接放牧或者刈割饲喂发展养殖。

青绿饲料中粗蛋白质含量丰富，氨基酸全面，维生素含量丰富，钙磷含量比例适当。青绿饲料是一种各种营养物质相对平衡的饲料，并且其中含有叶绿素、生物活性物质等功能成分，在蛋黄着色、提高鸡的免疫力等方面都有显著效果。

鸡是单胃动物，且肠道较短，对粗纤维饲料的消化能力较弱，因此发展果—草—鸡或者林—草—鸡的模式，最好是采用人工种草的方式，以便选择粗纤维含量低的草种，提高消化利用率。

比较适合养鸡饲喂的草种包括籽粒苋、苜蓿、菊苣、串叶松香草和诸葛莱等。林下人工种植牧草田间管理非常重要，为了达到一定的产量，需要从耕种、灌溉、除草、施肥、刈割等方面做好功课，同时在北方还要做好人工种草草地的安全越冬，以保证来年草种能够提前返青和减少种植成本。可以采用覆土、秸秆覆盖、薄膜覆盖等方法提高越冬率。

在不适合放牧或者鸡只放牧不到的地方，要采用人工刈割的方法收集青草。刈割要注意根据不同的草种确定刈割的次数、时间、留茬的高度，这对草地的产量、品质非常关键，同时也关系到越冬率和下一年的生长发育。

刈割以后的青草可以采用以下两种方式利用：

（1）调制干草。这种方法适合粗纤维含量较高的禾本科青草和豆科牧草，一般是含水量在50%以上，经过一定时间的晾晒或者人工干燥，使其含水量在15%以下，并保持一定的青绿颜色，储存以用于青草缺乏的季节，缓解青绿饲料的不足。

青干草可以直接饲喂反刍动物，但是饲喂鸡需要粉碎后添加到饲料中，并注意添加比例不宜过高，尤其是产蛋期，建议添加量不超过10%。

（2）刈割后直接利用。新鲜青草水分含量高，未经特殊加工，含有动物必需的氨基酸、维生素、蛋白质和其他生物活性物质，对于动物的营养平衡和群体健康都有很好的正向作用。

刈割青草饲养土鸡要特别注意刈割时期，在细嫩时其蛋白质、矿物质、维生素含量较高而纤维素含量低，比较适合土鸡的消化特点。也要注意禾本科和豆科牧草的多样搭配，既调节适口性，又可以营养互补，提高利用率。要特别防止青草霉变腐烂，严禁将喷过农药的牧草喂给土鸡。

叶片大、含水量高的青草可以直接投喂土鸡，供其啄食（图58、图59）。为防止踩踏浪费，可以捆成草把，吊起一定的高度让鸡啄食，既不浪费，又可以增加鸡的活跃性。水分含量偏低、纤维含量较高的青草需要打碎或者打浆，按照一定的比

图58　人工种植的菊苣

图59　补喂人工切碎的菊苣

例混合到饲料中。目前市面上有多种型号的青草打碎机或者打浆机可供选择，可以将青草的茎叶全部打碎、打散，避免鸡挑食，提高利用效率。

青绿饲料直接拌喂，同样注意喂量不宜过高，去掉水分折合成青干草后，在全价饲料中占的比例不要超过10%。

此外，还可以将蔬菜种植的副产物蔬菜下脚料、胡萝卜、南瓜等用于土鸡的饲料中。使用中要非常注意收储及拣选方法（图60），切忌饲喂霉烂变质的青菜。

图60　冬储胡萝卜喂鸡

为保证鸡群的采食均匀，保证肉蛋产品的均一稳定，建议将青菜打碎以后拌料饲喂。拌料比例不要超过1 ：1，而且要保证在短时间内采食完毕，避免霉变，夏季尤甚。

2.微生态制剂的使用

微生态制剂是无毒、无污染的环保产品，已经广泛应用于畜牧、水产养殖业中。微生态制剂是一种活菌制剂，常规为液态，其主要作用是通过动物消化道生物的竞争排斥作用，帮助动物建立有利于宿主的胃肠道微生物区系，预防腹泻，促进生长，提高饲料利用率，生产无污染、无公害的畜禽产品。

目前养鸡生产实践中，微生态制剂最常用的使用方法就是直接饮水，这对于养殖者来讲，方便实用，节省劳动成本。林地散养鸡，如果不便于直接添加到饮水设备中，采用菌液直接拌料或者制作发酵饲料，使鸡只在短时间内采食完毕，应用效果会更确实。

3.避免使用影响肉蛋品质的饲料原料

对于地方品种产蛋鸡而言，带有异味的饲料原料如鱼粉等动物性蛋白质、棉籽粕，菜籽粕等，尽量少用或不用。首先鸡蛋中很容易沉积饲料原料的不良气味，此外地方品种鸡个别鸡只可能含有鱼腥味敏感基因，当饲料中含有动物性蛋白质，鸡蛋中会沉积不良气味。其次棉籽粕和菜籽饼（粕）未经脱毒含有有毒物质，鸡采食会影响鸡群健康，进而影响鸡蛋品质。

（五）生态饲料及环保减排

生态饲料又名环保饲料，从饲料原料的选购、配方设计、加工、投喂等过程，进行严格质量控制，并通过动物营养调

控，使饲料达到低成本、高效益、低污染的效果。生态饲料强调最佳饲料利用率，减少排泄，提高生产性能，强调安全性。

1.利用氨基酸平衡降低粪便氮的排放

动物对蛋白质的需要量实际上是对氨基酸的需要量，其本质是对必需氨基酸的需要，必需氨基酸保持一定比例才能被更好地吸收利用，某一种氨基酸过高或者过低都会影响其他氨基酸的吸收利用，影响蛋白质的吸收利用率。一般动物性蛋白质中各种必需氨基酸比较均衡。但是鸡饲料主要由植物性饲料原料组成，必需氨基酸不均衡。在饲料中添加单一氨基酸产品，使饲料中的氨基酸含量达到饲养标准的要求，可以提高蛋白质的利用率，可以降低饲料中蛋白质的水平，降低饲料成本，同时减少粪便中氮的排放。

2.利用有机微量元素降低粪便中重金属的排放

动物饲养标准中微量元素铁、铜、锌、锰等都属于重金属，饲料中添加的这些元素动物不能全部吸收利用，一部分会随着粪便排到环境中，不断累积的结果就会导致土壤、水体等环境中重金属超标，影响到人类的健康。饲料中这些元素一般以无机盐的形式添加，实验研究表明，如果将饲料中这些元素的添加形态改为有机形式，可提高吸收利用率，减少粪便中重金属的排放。目前饲料市场上已经有各种类型的有机微量元素商品供选用。采用有机微量元素，不但可以提高饲料中相应元素的吸收利用率，减少粪排放量，而且同样的添加量，有机微量元素可以更好地增进动物的健康，提高生产性能，改善肉蛋品质。

3.植酸酶对鸡粪便中磷及植酸磷排放的影响

鸡饲料中的总磷含量相对鸡的饲养标准来说能够满足需

求，但是大部分的磷都被植酸结合而不能被消化吸收，因此必须通过添加剂补充。新型高科技产品植酸酶可以把植酸磷中的磷释放出来，使其成为有效磷，因此可以通过添加植酸酶减少饲料中磷的补充，减少粪便中磷的排放。目前饲料中添加植酸酶已经成为常规手段，并有成型的产品出售。试验表明，添加植酸磷可使粪磷排放量降低30%以上。

此外，微生态制剂、酶制剂、有机酸制剂等生物添加剂的科学合理使用，可以提高动物的免疫力、抗病力，提高饲料的消化吸收和转化率，同样能达到减排增效的作用。

（六）饲料方面需要澄清的错误观念

1.散养土鸡不用补充饲料

鸡需要在食物中获取营养用于生长和繁育，没有充足的食物供应，或者食物中各种养分不均衡，就会生长缓慢，无法正常发育和生产，乃至体质虚弱，被疾病侵害。散养土鸡可以从外界环境中摄取到一定的植物性食物，极少量的昆虫和微量元素等。当群体规模比较小的时候，即使少喂或者不喂饲料，环境中的食物供应也能够保证鸡的正常营养需要。但是当群体规模较大时，环境所能提供的食物远远不能满足鸡群的生长和生产所需，就会出现营养缺乏问题，因此必须补充饲料。

实际上，对于采用林下散放养等模式生产家禽肉蛋产品的生产者来说，养殖环境所能提供的食物资源是有限的，更多的是给鸡提供日常活动和休息的空间，要想得到更多的优质稳定的产品从而获得回报，必须补给优质的营养均衡的饲料。

2.饲料一定含有促生长剂和激素

很多普通的大众对饲料存在这样的误解，认为生产者为了

提高产量，会不顾产品安全随意在饲料中添加各种促生长剂、抗生素甚至激素。首先在饲料中添加抗生素或者激素等违禁药品是国家严令禁止的，管理非常严格，国家对于各种药物性添加剂的使用都有具体而明确的规定，生产者违规添加将面临巨大的法律风险和个人信用风险。其次，这些药物性添加剂成本都比较高，对于生产者来说，不会轻易在饲料中添加而增加自己的养殖成本。此外，这些药物性的添加剂的主要作用就是抗病促生长，随着现代养殖管理技术水平的提高，各种生物防治措施落实到位，鸡群的健康水平和生产性能都能得到很好的保证，在饲料中添加这些高成本药物的必要性越来越小。同时随着人们对健康安全畜禽产品的追求，各养殖企业也都努力在饲料安全上下功夫，研究应用无抗生素日粮、生态健康日粮等，用来生产安全高品质的畜禽产品。因此，目前的饲料安全性是越来越有保障的。

3.土鸡喂原粮最好

在农村原始养殖方式中，没有饲喂全价配合饲料的概念，基本上以饲喂谷物原粮为主，鸡只自由采食野生植物为补充。这是与当时养殖量小，鸡只自由活动空间大相适应的，而且这种养殖方式鸡的生长以及生产性能都是比较差的，潜能得不到发挥。而现在规模化养殖土鸡虽然尽量模仿原生态的养殖方式，但是养殖的目的已经不仅仅是追求产品质量，更要追求最大的产出和收益。在这种群体大、活动空间受限的情况下，如果只靠补充原粮，就会存在如下问题：一是微量元素、维生素、主要矿物质（钙、磷、盐分）缺乏带来的隐性饥饿，出现各种营养性缺乏症状，导致鸡群体质虚弱，免疫力低，对各种疾病易感；其二，原粮以谷物为主，一般蛋白质含量都比较低，远远不能满足鸡只正常的生长发育以及发挥生产性能对蛋白质的需求；此外，饲喂原粮对家禽的肠道的消化特性来说，不能很好地消化吸收，很多会以原状排出，造成浪费，增加养殖成本。因此，科学地喂养土鸡，要从鸡只本身的需求出发，从养殖的目的出发，不能简单模仿，生搬硬套，要因时因地制宜，科学合理地配制日粮。

4.土鸡吃饲料就成了饲料鸡，不好吃了

土鸡的肉蛋品质主要受三方面因素的影响：品种、饲料和环境。其中起决定性作用的是品种，在同样的饲料以及养殖环境下，不同的品种的土鸡肉蛋品质可能存在巨大的差异。起次要决定作用的是饲料，同一品种的鸡饲喂不同的饲料，肉蛋品质也会有明显的差异。此外，养殖环境对肉蛋品质起到辅助作用，养殖环境好，各种环境因素（包括温度、湿度、空气、饮水等）适宜，无有毒有害或者致病因素，鸡群健康，肉蛋品质会较高。因此，要想得到高品质的土鸡产品，首先要选择优质的土鸡品种，其次要饲喂高品质的饲料，同时提供健康的养殖环境。

很多人认为喂饲料会促使土鸡快速生长，产蛋增加，会使品质变差。那么喂饲料会不会使土鸡的肉蛋品质变差呢？对于土鸡品种来说，生长速度较慢，肉蛋品质较好，饲喂按照科学原理配合的全价饲料，能更好地提高其生长速度和产蛋性能，不会使其肉蛋品质变差。如果在饲料中添加改善肉质的青绿饲料、营养性添加剂、微生态发酵饲料等，不仅促进生产性能的发挥，还会对土鸡的肉蛋品质有进一步的改善作用。鸡蛋很容易沉积饲料中的相关成分，如果在饲料中添加功能性的营养成分，比如微量元素硒、锌，多不饱和脂肪酸等，鸡蛋中相应的成分会增加，可以生产功能性的富硒蛋、高不饱和脂肪酸鸡蛋等。反而是不按照其生长需要供给饲料，导致其营养缺乏，会

大大影响其肉蛋品质。

5.饲料添加剂都是有害的

这种观念是因为对饲料添加剂概念不清楚。饲料添加剂的定义是：为了某些特殊需要向各种配合饲料、混合饲料中人工另行加入的、具有各种不同生物活性的特殊物质的总称。添加的主要目的是补充饲料营养的不足、改善适口性、提高利用率、保持动物正常的生长发育和提高产品的质量和产量。根据添加剂的功用，主要包括营养性添加剂和非营养性添加剂（包括生长促进剂、驱虫保健剂、饲料保存剂等）。营养性添加剂包括维生素、微量元素、矿物质、氨基酸、盐分等，这些添加剂是动物生长和生产所必需，为了保证饲料营养的均衡，必须在饲料中添加的。非营养性添加剂中的微生态制剂、酶制剂等，对于提高动物内环境平衡、促进饲料养分的充分利用有极大的益处。只有非营养性添加剂中的药物性添加剂、驱虫保健剂等如果不按照规定使用，会带来肉蛋产品中残留的风险，需要通过立法和行业规范来严格管理。

6.长得快、产量高就是饲料里加了激素和促生长剂

这种观点主要来源于对白羽肉鸡的高生长速度和专门化蛋鸡的高产蛋性能的不理解。白羽肉鸡从1日龄到2.5千克左右出栏，只需要不到40天时间，专门化的蛋鸡一个产蛋周期可产蛋300个以上。如此优秀的生产性能，绝非是饲料添加剂能够达成的，而是国内外农业科学家经过多年艰苦工作，持续多代的选育而来，其较高的生长速度和产蛋性能主要是遗传因素决定的，无须在饲料中额外添加促生长剂和激素。因为其快速的生长速度和较高的产蛋性能，需要饲喂营养含量较高的饲料才能满足其需要，并不是因为饲喂了特殊的饲料才有高的生产

性能，因果关系不能颠倒了。再比如制作北京烤鸭的北京鸭，从出壳到2.8千克出栏只需60天左右，生长速度也是非常优秀，英国的樱桃谷鸭、美国长岛鸭等都是在北京鸭的基础上杂交选育而成的。

05 五、饲养管理

土鸡的林地养殖一般分为3个阶段，育雏期（1 ～ 6周）、育成期（7 ～ 18周）、产蛋期（19周至淘汰）。6周龄前在室内育雏，待脱温后放入林地饲养。鸡群白天在林地活动，晚上回到鸡舍休息过夜。公鸡一般肉用，在林地放养3 ～ 4月后上市；母鸡可蛋用，待其产蛋结束后可作为优质老母鸡上市销售。

每个阶段需要根据鸡群的生理特点进行科学的饲养管理。育雏期关键是要做好温度条件的控制。育成期关键是要做好体重和光照的控制。产蛋期要在严格控制光照的基础上，合理控制养殖密度，配备数量充足的产蛋箱，及时打扫卫生，减少窝外蛋和脏蛋的数量。

本部分重点结合林地养土鸡的特点，介绍了育雏期饲养管理、育成期饲养管理、产蛋期饲养管理和季节管理4方面的内容。

（一）育雏期饲养管理

雏鸡的生长发育状况决定后备鸡、成年鸡的健康与生产性能。由于雏鸡自身发育特点，其对环境与营养要求很高，因此需要创造良好的育雏条件，包括育雏的温度、湿度、通风、光照、密度、饲料和环境卫生等。

1.育雏前的准备

（1）育雏方式的选择。雏鸡从出壳到6周龄的这段时期称育雏期，这个时期的饲养管理方式称育雏方式。人工育雏按其占用地面和空间的不同可分为地面育雏、网上育雏和笼养育雏3种（图61、图62），各有其优缺点（表2），可根据实际情况选择不同的育雏方式。

图61　地面育雏

图62　网上育雏

表2　育雏方式及优缺点

育雏方式	定　义	优　点	缺　点
地面育雏	将雏鸡饲养在铺有垫料的地面上	无须特别设备，投资少	雏鸡与粪便经常接触，容易感染疾病，且房舍利用率低
网上育雏	将雏鸡饲养在具有一定高度（50～60厘米）的单层网平面上	可节省大量垫料，降低育雏成本，而且雏鸡与粪便接触的机会大大减少，有利于雏鸡健康生长	有一定的投资，房舍的利用率还不够高
笼养育雏	将雏鸡饲养在层叠式的育雏笼内。育雏笼一般可分为3～5层	能充分利用育雏舍空间，提高了单位面积利用率和生产效率；节省了垫料，热能利用更为经济；雏鸡不与粪便直接接触，有利于雏鸡健康生长	投资较大

（2）选定饲养人员。育雏期的饲养应选具备一定素质的饲养人员，要求饲养人员不折不扣地按照技术人员制定的措施进行饲养。

（3）冲洗消毒。在进雏前，应对雏鸡舍和笼具、用具进行彻底的冲洗，可将90%以上的病原微生物及有机物冲洗掉，待育雏舍水分蒸发后，选择可靠的消毒药进行彻底消毒，并检查与维修各种设备与机件，使用3%氢氧化钠对育雏室内及场区进行全面消毒。

（4）试温。进鸡前3天，开始供暖试温，检查锅炉是否能够正常供暖，舍温达到35℃以上，并保持一定的相对湿度（65%左右，在舍内有湿润感）。试温时育雏人员要按进雏后同样严格的卫生要求，保持环境清洁，以免污染已消毒过的房舍与设备。

（5）物资准备。准备好雏鸡料，葡萄糖、电解多维、清洁饮用水、消毒药、疫苗和生产记录本等，并在鸡舍门口设置消毒盆。进出鸡舍必须脚踏消毒液，场内生产区必须有专用工作服（严禁穿出场区）。

2.雏鸡的饲养管理

（1）饮水。必须有足够的饮水空间，饮水位按0 ~ 5日龄，每个真空饮水器50只鸡，或每个乳头8 ~ 12只鸡，或每个钟式饮水器50 ~ 60只鸡配置。饮水器尽量均匀分布在鸡活动的范围内。饮水器的高度以与鸡背部同高为宜，饮水器的高度需随鸡日龄增长及时调整。

雏鸡应先饮水后开食，雏鸡进入育雏舍后应尽快给予饮水(24小时之内)，有条件的饲养场可以在初次饮水中加3% ~ 5%葡萄糖和多维，水温尽量与室温保持一致。饮水要清洁卫生、新鲜，饮水器要经常清洗消毒，防止粪便污染。

（2）喂料。雏鸡开食时间早晚直接影响到肠道发育速度、肠道长度以及食欲的培养。所以开食应做到既迅速又集中，可以在笼内铺干净的硬纸，或者采用专门的开食盘，在上面撒1 ~ 1.5厘米厚的饲料供雏鸡开食，若料少只能有少部分鸡只第一时间吃到料，这就人为造成开食不统一。

雏鸡开食时间在入舍饮水后2 ~ 3小时进行。开食的饲料要求新鲜，颗粒大小适中，易于啄食，营养丰富，易于消化，建议采用正规厂家提供的全价雏鸡料。雏鸡料撒在开食盘内，使其自由采食，为了使雏鸡容易看见饲料，可适当增加舍内的照明。

采取少喂勤添的原则进行饲喂。第一周每天饲喂6次以上，第二周每天饲喂4 ~ 6次，3周以后，喂料要有计划，可采用少喂勤添的原则，定点喂料，每天6:00、11:00、16:00、

20:00喂料4次，并且要让鸡将料盘中的饲料吃完后再喂料。根据鸡群每日采食量变化及时添加饲料，保持鸡群有八成饱。

鸡需有足够的采食空间，料位可按0 ～ 5周龄，每只鸡5厘米，每个料盘50只鸡。在开始的3周内，应让鸡在任何时间都能吃到饲料。同时注意随时清理料盘中的粪便和垫料，以免影响鸡的采食及健康。

（3）温度。1 ～ 2日龄育雏舍温度33 ～ 35℃，温差控制在3℃以内，以后逐周降低，到6周龄温度降至18 ～ 21℃或与室外温度一致；夜间气温低，应使舍内温度保持与日间一致，详见表3。总之，育雏舍舍温第一周34℃，以后每周约降3℃；每周温度下降应分多次逐渐降低，使雏鸡较易适应。每天应检查或调节温度，使温度保持适宜和稳定。关键点是要根据雏鸡的表现、动态和声音来衡量，确保鸡只均匀舒适。如果温度合适，雏鸡会均匀分散在鸡舍的每个地方；如果温度太低，雏鸡会扎堆挤在一起保暖（图63）；如果温度太高，雏鸡会张嘴呼吸，并远离热源。

表3　育雏期温度控制

育雏时期	1～2天	3～7天	2周	3周	4周	5周	6周
温度（℃）	35～33	32～30	30～28	28～26	26～24	24～21	21～18

降温一定要缓慢进行，并根据雏鸡体质、体重、季节变化来决定，注意不要使舍内温度发生剧烈变化。应注意，观察舍温的温度计应挂在育雏舍内与雏鸡背等齐的高度，同时不要离热源太近，也不要放在边角地方。

图63　鸡舍温度低，雏鸡扎堆挤在一起

一般笼养育雏上下层之间的温差是不可避免的。生产上采用中间层集中育雏，待鸡只体温调节能力提高后，再将雏鸡均匀地调配到上下层分散育雏。同时，育雏舍内部离供暖设备较近的区域温度较高，鸡舍后面、风机口温度较低，严重时这两处的温差可达4 ～ 5℃，因此，在设计热源和进热风的管道时，应充分考虑以上的温差，可结合免疫、称重等工作进行上下、左右调整笼位，把温度不均衡带来的负面影响降到最低限度，以确保鸡群的均匀度和成活率。

（4）湿度。虽然湿度不像温度那样要求严格，但在极端情况下或与其他因素共同发生作用时，可能对雏鸡造成较大的危害。雏鸡前期对湿度要求稍高，前3天雏鸡感受的相对湿度应达到70%左右，当湿度过低时，雏鸡体内水分散失过多，卵黄吸收不完全，容易出现脚趾干瘪、消瘦，羽毛生长缓慢，精神不振等脱水症状，会影响以后的均匀度和生产成绩。早期可以通过向地面洒水或加热蒸发水蒸气来增加湿度。育雏期湿度控制详见表4。

表4　育雏期湿度控制

育雏时期	1～2天	3～7天	2周	3周	4周
相对湿度（%）	70～65	65～60	60～55	55～50	55～50

（5）密度。育雏期饲养密度主要依据周龄和饲养方式而定。育雏期饲养密度控制详见表5。

表5　育雏期饲养密度控制

饲养方式	1～3周龄（只/米^2）	4～6周龄（只/米^2）
笼养	30～50	15～25
平养	20～35	10～20

（6）通风。清洁而新鲜的空气，对雏鸡来说是和饲料与饮水同样重要的，应保持舍内空气新鲜，不应有刺鼻、刺眼的感觉。为使室内保持新鲜空气，需处理好温度和通风的关系。在日常通风中应注意以下几个问题：①需要通风时应把舍温升高1～2℃，这样通风后才能保证舍内温度不至于降得太低，尤其在冬季。还可以在喂料后半小时通风，因采食后增热，鸡不易受冷刺激而感冒。②对于自然通风的鸡舍，打开天窗是向外排除有害气体，开侧窗是向舍内冲入新鲜空气，二者不可相互替代。③秋冬季节通风时应看风向，迎风面窗口开小些，背风面开大些，避免冷空气直接吹到鸡身上，同时注意鸡舍内贼风入侵。④窗口大小随天气变化调整，不可突然大幅度变化，以防鸡群发生应激。⑤通风时间最好选择在舍外温度较高的中午前后进行。⑥有条件的养殖场也可以采用无动力风帽进行通风，一般可以保证通风效果。

（7）光照。刚出壳的雏鸡视力差，特别是出壳后的前3天，为保证采食和饮水采用24小时光照，从第四天开始，每天减少1 ～ 2小时，直至自然光照。随着鸡的日龄增大，光照度则由强变弱。1周龄时，最佳光照度为30勒克斯；从第二周龄开始光照度为10勒克斯；弱光可使鸡群安静，有利于生长。光源可选用传统的白炽灯，也可选用节能灯或者LED等暖光灯。

光照度（单位勒克斯）是一种物理术语，指单位面积上所接受可见光的能量。其受不同光源、不同高度以及光源分布密度等因素的影响，可通过照度计来测量，现在也可以使用智能手机下载工作程序来测量光照度。

育雏期使用这种递减的光照程序，目的是让雏鸡有更多的时间采食、饮水，建立良好的食欲，以达到早期目标体重。如果体重增重不足，则应顺延光照时间。不管采取何种光照制度，一经实施，不宜经常变动，不可忽照忽停，时间不可忽长忽短，强度不可忽强忽弱，尽可能保持舍内照度的均匀。

（8）断喙。断喙是雏鸡饲养管理工作中的重要一环，正确的断喙可以有效地防止啄羽、啄肛、啄蛋等啄癖的发生；能避免雏鸡勾抛饲料，减少饲料的浪费，降低饲养成本。但断喙也会使雏鸡出现一些应激反应，例如断喙不当，可引起雏鸡出血、抵抗力下降等，严重时可引起死亡。所以，要特别重视雏鸡断喙时期的饲养管理。

断喙一般在7 ～ 9日龄时进行，可使用电烙铁断喙器，有条件的饲养场也可选用红外断喙器。断喙时上喙切除鼻孔到喙尖的1/2、下喙切除从喙尖至鼻孔的1/3，使上喙比下喙多切些，切断部位不能有渗血现象。断喙时的注意事项如下：①在炎热的夏季，断喙应选择早晨或晚凉时进行，这样可以减少应激。②鸡群受到应激时不要断喙，如刚接种过疫苗或刚发生过疾病

的鸡群，一定要等到鸡群恢复正常时才能进行。③加强断喙后雏鸡的饲养管理。断喙后1周内，应给予充足的饲料，以减少伤口碰到料槽引起疼痛而影响采食；饮水要保持新鲜；断喙后1周内不要进行防疫或其他操作，以免加重应激。有条件的可在饲料中添加维生素K和电解多维等，以减少雏鸡在断喙时出血和断喙后出现应激等现象。

（9）舍内卫生。15日龄雏鸡开始脱绒毛，需增加清扫次数，保持舍内清洁卫生。清扫前适当喷洒清水，待稍干时清扫，以防绒毛及粉尘悬浮空中，预防呼吸道疾病的发生。此后，每周带鸡消毒1次，舍外环境消毒1次，必须用两种不同的消毒液交替使用。

（10）分群管理。随着雏鸡生长，逐渐扩栏，及时降低密度。根据体重情况分群，一般22日龄开始分群，选出鸡群中体质较弱小鸡单独饲养，增加饲养空间和给料量。啄羽、啄肛鸡及时处理，杜绝啄死鸡现象。夜间设值班人员，防止野兽、鼠等侵害，注意防火。

（11）逐步脱温。31 ～ 40日龄，鸡群可以脱温。加大通风量，注意舍内空气清新，无异味。雏鸡脱温时间可根据天气情况而定。雏鸡脱温有个适应过程，开始白天可适当减少供热，以保证适当的室温，晚上可适当增加，以后逐步白天不增温，晚上增温。经5 ～ 7天鸡群适应自然气温后就可不再供热，切不可突然脱温或温差下降过大，否则雏鸡怕冷相互挤压在一起而压死或发生呼吸道疾病。

（12）驯养。雏鸡在育雏期即可进行调教训练，自1日龄开食起用哨声或音乐刺激鸡只的神经，每当喂料时以哨声或敲击声进行适应性训练，为育成期在运动场放养运动打好基础。

在育雏后期，逐渐由精细管理过渡到粗放管理，但注意粗放管理不是不管，而是在形式上接近放养条件下的管理模式，特别注意调教形成条件反射。比如按顿饲喂，使其有一定的饥饿时间，再给予声音刺激，以训练其饮水和采食的条件反射。适时扩群，增加活动空间和活动量，以适应放养条件下的运动量。

（二）育成期饲养管理

育成鸡是指雏鸡完成脱温至开产前的鸡。雏鸡脱温后适时将其转入育成鸡舍，并开始向青年期过渡。这段时期饲养管理的好坏，决定了鸡在性成熟后的体质、产蛋性能和种用价值。所以这段时间的饲养和管理也是十分重要的。

1.转群前的准备

（1）场地检查。查看鸡舍、围栏是否有漏洞，如有漏洞及时修补，减少鼠害、蛇等天敌的侵袭造成鸡的损失。在放养地搭建固定式鸡舍或安置移动式鸡舍，以便鸡群在雨天和夜晚的休息。鸡舍做好卫生和消毒工作，同时准备饲料、疫苗和记录本等物品。

固定式鸡舍可采用成本低廉的菱镁（无机玻璃钢）保温板或者集装箱材料建设（图64、图65）。舍建筑面积20米^2，长5.0米，宽4.0米，脊高2.5米。舍外配套修建10 ～ 30米^{2}沙浴池和600米^{2}的放养场地。

移动式鸡舍主体结构采用金属方管焊接而成，四周为竹片、木板边角料等材料，屋顶为木板和油毛毡（图66）。鸡舍长3.0米，宽1.2米，高1.5米。鸡舍建设成本低，重量轻，可移动，便于草地轮牧。因不具备保温能力和光照设施，仅适合于春、夏、秋三季饲养肉鸡（公鸡）使用。

图64　采用菱镁保温板建造固定式鸡舍

图65　采用集装箱材料建造固定式鸡舍

图66　移动式鸡舍

（2）消毒。在转群前，应对放养舍及养殖用具进行彻底消毒，并检查与维修各种养殖设备。

（3）温度准备。从育雏舍转到育成舍时，尽量减少两舍间的温差，防止鸡群由育雏舍进入育成舍后，由于舍间温差过大而产生冷应激。一是在转群前将育雏舍逐步开窗通风，逐步降低舍内温度。二是采用临时加热措施，提高林地转入鸡舍温度。在气温较低季节，适当增加育雏时间，待鸡只长得更大一些，适应性更强一些后转群。

（4）个体选择。对拟放养的鸡群进行筛选，淘汰病弱、残疾的个体，以免浪费饲料和人力，增加成本。

2.育成鸡的饲养管理

（1）转群。转群时，需做好人员、车辆、笼具等准备工作。夏季在天气凉爽时进行，冬季在天气暖和时进行。转群前后2天，饮水中加入2倍量的多种维生素。

笼养育雏白天即可转群，平养育雏需安排在晚上转群（便于抓鸡），关闭灯光后，打开手电筒，手电筒头部蒙上红色布，使之放出暗淡的红色光，以使鸡安静，降低应激。轻轻将鸡转移放入运输笼，然后装车。

抓鸡、装鸡时必须轻拿轻放，避免鸡只受伤，转运笼内不要放入过多的鸡只，防止挤压受伤致死。按照原分群计划，一次性放入鸡舍。

（2）公母分群。放养的群体数量影响到成活率、生长速度、饲料效率和劳动效率，需要十分重视。不同日龄的鸡不能混养。

公鸡斗性较强，饲料转化率高，采食能力强，体重增加快；而母鸡沉积脂肪能力强，饲料转化率低，体重增加慢。公、母鸡分群饲养（图67），可在各自适当的日龄上市，有利于提高成活率与群体整齐度。

图67　公、母鸡分群饲养

（3）过渡期管理。由育雏室刚刚转移到野外放牧的最初1 ～ 2周的管理非常关键。刚转入放牧舍的鸡不要马上放养，建议进入放养舍第一周不要放养，以便其熟悉环境。放养过渡期间10:00左右放出喂料，饲槽放在离鸡舍1 ～ 5米处，让鸡自由觅食，切忌惊吓鸡群。开始几天每天放养较短时间，以后逐日增加。

（4）换料和补料。转群1 ～ 5天内饲喂育雏期饲料，并按照舍饲喂量给料，日喂3次。在饲料逐渐改换为青年料的过程中，要采用三三过渡：先在雏鸡料中拌入1/3的青年料饲喂3天，之后拌入1/2的青年料喂3天，然后加入2/3的青年料再喂3天。

禁喂发霉饲料、饲草、不洁饮水。遇刮风下雨，停止放牧。

一定要有特定的补料场所。如果采用粉料，必须配置料槽（图68）。如果是颗粒饲料可以不必配置料槽，但一定要有平整的补料场地，不可随意抛撒。为适合鸡的采食习性，减少浪费，便于饲喂和提高饲料效率，料型最好选择颗粒饲料。

观察整群鸡的采食情况，保证采食均匀度。对于不敢靠近采食的胆小鸡和弱鸡，将饲料撒向补料场的外围或者延长补料时间，保证每只鸡都能采食到足够的饲料，使发育整齐。

图68　料槽饲喂（PVC水管改制）

（5）饮水。每50～80只鸡投放一个饮水器，饮水要清洁卫生，饮水器必须每天清洗消毒。以自动饮水器为佳，可减少污染并保证水的随时供应。饮水器要放在鸡常活动的明显地方，天冷时放在太阳下，天热时放在阴凉处（图69）。

图69　料桶喂料、饮水器饮水

（6）光照。光照制度要相对稳定，光照方案确定后，不应经常更换，要保持一定稳定性。光照度5～10勒克斯即可。蛋用鸡群6～18周采用自然光照，19周开始每周增加0.5小时光照，达到16小时后保持恒定，自然光照不足部分用人工光照补充。蛋用鸡群在育成期，光照时间不能增加。肉用鸡群采用自然光照即可。如果夜间补光的话，最长不能超过16小时。

（7）密度。林下养鸡饲养密度不宜过大，肉用及蛋用鸡群饲养密度参照表6。

表6　育成期养殖密度

养殖密度	肉用（7～16周）	蛋用（7～18周）
舍内	≤12只/米^2	≤10只/米^2
舍外	≥2米^2/只	≥2米^2/只

（8）调教。放养开始时强化调教训练，在放养初期，饲养员给予信号（如口哨、打击声等），傍晚再采用相同的方法，进行归巢训练，使鸡产生条件反射形成习惯性行为，通过适应性锻炼，让鸡群适应环境，放养时间根据鸡对放养环境的适应情况逐渐延长。

（9）保持环境稳定。要从饲养环境、饲养制度以及饲养人员等方面保持养殖环境的相对稳定。放牧场禁止场外生物突然闯入、吠叫，以免惊群；放牧期间要注意预防鼠、鹰、黄鼠狼和蛇等野兽的危害，但不可投毒，要采取物理和环保的方式防治，比如养鹅驱鼠、人工驱赶、植物驱避等；饲养人员要尽量固定，不要频繁更换；饲喂制度不可随意变更；同时除非轮牧，养殖位置也不可随意改变。

（10）划区和轮牧。多数情况下，青草的生长速度低于鸡的采食速度，很容易出现过牧现象（图70）。为防治这种情况发生，采用划区轮牧的方式。

鸡舍周围林地用围网分割成2片区域以上进行轮牧放养。待一个区域草虫不足时，再将鸡群转到另一区域放养，使鸡轮流在不同的区域采食，使土地生息结合、资源开发与保护并举。同时也可以采取人工刈割和分区轮牧相结合的养殖模式。

图70　人工种植的菊苣草地（如果继续放牧，草地将出现过牧现象）

（11）适时上市。为增加鸡肉的口感和风味，应适当延长饲养周期，控制出栏时间，肉用鸡一般应在110 ～ 120天以后育肥出栏，公鸡体重不小于1.6千克，母鸡体重不小于1.4千克。可根据市场行情及售价，适当缩短或者延长上市时间。蛋用鸡体重需达标，以进入产蛋期。

（三）产蛋期饲养管理

鸡群一般在18 ～ 20周龄从育成舍转入产蛋舍，日粮也由后备料转为产蛋鸡过渡料，最终换为产蛋料，喂料量逐渐增加，同时增加人工光照，为产蛋做准备。能否有一个高而稳定的产蛋率，在很大程度上取决于饲养管理，而开产前和产蛋高峰期的饲养管理尤为重要。

1.开产前的准备

（1）调整开产日龄和体重。开产日龄影响蛋重和终生产蛋量。开产过早时，体重、蛋重不达标，难有较高的产蛋率；产蛋过晚时影响产蛋量和经济效益。产蛋日龄的控制可以通过控制体重的增长和调整异性的刺激来达到。开产前3周（18 ~ 19周龄），务必对鸡群进行体重的抽测。

一般对于地方鸡种而言，这个时期的体重在1.4 ~ 1.5千克，最低体重1.3千克左右，或根据鸡种略有不同。但要求群体整齐，发育一致。如果体重低于设定值，应加大补料数量或提高饲料的养分含量。

（2）准备好产蛋箱。开产前的1周，将产蛋箱准备好，让其适应环境。以往多采用砖或水泥来搭建，或者用塑料或竹制的筐、箱作为简易的产蛋箱，现在标准化的产蛋箱在生产中已较普遍。按每5 ~ 6只产蛋鸡设置1个产蛋窝（位），产蛋箱内铺设垫料，产蛋箱在形式、大小上需要一致，避免鸡只为选择产蛋箱而进行啄斗。并在其中放置"引蛋"，以帮助鸡只固定产蛋地点，减少窝外蛋的发生。

放养蛋鸡管理不善，易发生窝外蛋，蛋壳较脏，影响鸡蛋的外观和保存期，间接影响鸡蛋的内在品质（图71至图73）。产蛋箱需有一定的高度和深度，上部要遮盖，隐蔽性要好，免受骚扰。产蛋箱底板要结实，安置稳定，避免摇晃。产蛋箱要

图71　产蛋箱内鸡粪污染鸡蛋

图72　窝外蛋

图73　卫生质量欠佳的鸡蛋

分布均匀，产蛋箱的开口面向鸡舍中央，尽量置于避光幽暗的地方。垫草选择干燥、柔软的干草，厚度为蛋窝高度的1/3。保持垫草的干净、清洁、无鸡粪。经常消毒更换，保持垫草的疏松。

（3）调整饲料中的钙水平。产蛋鸡对钙的需要量比生长鸡高3 ～ 4倍。19周龄以后饲料中钙水平提高到1.8%左右，20 ～ 21周龄提高到3%。或者从见第一个蛋到5%产蛋率以前，

在饲料中加贝壳或碳酸钙颗粒，或置于料槽中让鸡自由采食，5%产蛋率以后喂产蛋料。

2.产蛋期的管理

（1）产蛋期的补料。根据品种、产蛋阶段、产蛋率、放养场植被情况、饲养密度等因素来确定或调整补料量。比如不同品种觅食能力不同，补料要有差异。产蛋后期的产蛋率较低，补料量要低于产蛋高峰期。

放养鸡采食自然饲料的多少，受草地状况和饲养密度的影响，草地状况差或饲养密度大，要适当增加补料量。因此，不同鸡群的补料量不可千篇一律，可根据蛋重、蛋形、每日产蛋时间分布、体重变化、食欲、行为等情况来判断饲料的供给是否充足。

（2）产蛋期光照的控制。从20周龄开始，增加光照时间和光照度，每周增加0.5 ～ 1小时直到每天16小时光照，以后保持不变，持续到产蛋期末，中间不可随意变动。自然光照不足部分用人工光照补充。

灯泡距地面高度为2.0 ～ 2.4米，灯泡之间的距离是其高度的1.5倍。舍内如果安装2排以上的灯泡，各排灯泡要交叉排列，以便使光线分布较均匀，光照度为10勒克斯。

人工补光开灯时间要保持稳定，忽早忽晚地开灯或关灯都会引起部分母鸡的停产或换羽。光照时间控制最好用光照定时器，并经常擦拭灯泡，保证其亮度。

（3）养殖密度。放养应坚持“宜稀不宜密”的原则。可根据林地植被情况、集中及分散养殖等不同饲养环境条件确定，其放养的适宜规模和密度也有所不同。各种类型的放养场地均应采用全进全出制。产蛋期饲养密度可参照表7执行。

表7　产蛋期养殖密度

类　型	养殖密度（19周至淘汰）
舍内养殖	≤6只/米^2
舍外养殖	≥4米^2/只

（4）淘汰低产鸡。我国的地方鸡种大部分缺乏系统的选育，个体之间生产性能相差悬殊，需要及时淘汰低产鸡、停产鸡，以保证较高的生产性能、较高的收益和较低的风险。

（5）抱性催醒。地方鸡种的就巢性较高，在特定的气候季节条件下，会出现就巢现象。出现就巢要及时隔离、醒抱，否则会诱发其他的母鸡就巢，极大地影响生产。

（6）捡蛋。进入开产期，饲养员要经常在鸡舍内走动，密切关注母鸡的蛋箱使用情况。及时发现和捡起地面蛋和非产蛋箱中的蛋。

捡蛋时间和次数要制度化，一般要求每天捡蛋两次，上午、下午各一次，两次捡蛋的时间要控制好，尽量减少鸡蛋在蛋窝内的存放时间，以免诱发就巢。

捡蛋时要净、污蛋分开存放。在鸡舍内完成第一次选蛋，将沙壳蛋、钢皮蛋、皱纹蛋、畸形蛋，以及过大、过小、过扁、过圆、双黄和破碎蛋剔除。脏蛋不可用湿布擦，要用干细纱布将污物擦拭，并消毒。

（7）防止啄羽。引起啄羽的因素很多，一般出现这种情况与环境光线过强、密度过大、饮水不便、环境单一、缺少某些营养元素等都有关系，还有一种因素，即禽类习性。作为生产者如果鸡群大量出现这种状况就需要注意，啄羽毛可能代表某方面管理细节需注意了（图74）。

图74　啄羽引起的裸背公鸡

科学防治啄羽，一是要为家禽提供合适的环境，如光照、密度；二是注重维生素的水平，有条件的喂些青绿饲料（图75）；三是关注饲料中含硫氨基酸的含量和总的蛋白质水平；四是可以在地上撒喂一些整粒的谷物让鸡群觅食；五是在鸡舍悬挂一些草捆让鸡群啄食；六是建议在饲料中适当添加益生素促进肠道健康。对已发生啄羽的，在饮水中加入2%的柠檬酸，有较好的效果。

图75　补喂青草

（四）季节管理

1.春季饲养管理

春季天气逐渐回暖，气温逐渐上升，光照时间也逐渐变长。因此春季是育雏的好时节，也是蛋鸡产蛋旺季。但是，也存在一些不利因素，例如气温的升高带来各种病菌大量繁殖，而且春季风沙较多，天气经常多变，温差变化大，因此必须根据春季特点做好如下管理工作。

（1）放牧时间的确定。春季气温渐升，但经常变化无常，放牧时间要根据当地的天气变化、气温、雨水和植被生长情况而定，不可过早放牧。脱温雏鸡要等外界气温稳定在16℃以上后开始放牧。

对于成年鸡而言，温度不是主要的问题，放养地的自然条件是放牧的限制因素。早春植被资源不丰盛，一方面土鸡不可能获得需要的营养，另一方面由于地面植被没有充分生长便被采食，草芽一旦被鸡采食吃光，难以再生长，会造成草场退化和土地的板结硬化。

（2）关注天气变化。春季气温逐渐上升，但气候经常变化无常，昼夜温差大，甚至出现“倒春寒”，对鸡体产生强烈的应激，降低鸡体免疫机能和抗病能力。因此，春季要密切关注天气变化，注意根据天气变化，调整放牧时间和鸡群管理，防止气温骤降对生产性能的影响和诱发疾病。

（3）保证营养。春季是鸡只生长速度较快和产蛋率上升较快的时段，同时春季植被还未生长旺盛，是缺青季节。要保证鸡只生长和产蛋，必须保证土鸡的营养需要，提供充足的全价配合饲料以保证其生长和产蛋需求，尤其保证各种微量营养素满足需要。

（4）预防疾病。春季气温升高，是各种病原微生物滋生繁衍的时机，加上空气流动快，是各种传染病的高发期。因此，要重视卫生防疫、环境消毒、疫苗接种、驱虫等工作。要关注大环境新城疫、传染性支气管炎、禽流感等疾病的流行动态，做好免疫和隔离。

2.夏季饲养管理

夏季万物生机勃勃，野外青绿饲料、昆虫等食物丰富。但夏季也是一年最热的季节，环境温度高、雨水多、湿度大，蚊蝇容易滋生，不利于蛋鸡生产。夏季饲养管理的要点是防暑降温，维持土鸡的营养物质摄入量，保持产蛋量的稳定。

（1）防暑降温。夏季鸡群活动场所如果是没有高大树木遮阳的草场，要设置遮阳棚或者搭遮阳网，提供充足、清凉的饮水（图76）。同时，可以通过降低饲养密度，增加鸡只活动空间来起到防暑降温目的。必要时，可以通过向鸡舍顶部喷水来降温。

图76　遮阳凉棚

（2）调整饲料配方。夏季舍温达到30℃后，气温每升高1℃，鸡只采食量下降1.5%。温度超过38℃严重影响鸡只食欲。因此，在降低温度的同时，可以通过改善饲料配方，增加能量和蛋白质比例，增加适口性，来满足鸡只营养需要，保证产蛋。例如，用3% ~ 5%的油脂代替部分能量饲料，同时提高蛋白质比例1% ~ 2%，即使鸡只采食量降低，也能满足其营养需求，稳定母鸡产蛋率。饲料中补充维生素C，提供优质青绿饲料，也有助于缓解热应激。

利用早晨和傍晚天气凉爽时强化补料，使其能够摄入足够的营养，保证较高的生产性能。早放晚圈，减少热应激。天一亮就把鸡放到运动场喂食，天黑后再圈鸡。入伏后可在遮阳棚下搭些木架让鸡休息。

（3）防止饲料霉变。夏季高温高湿，饲料务必存放在干燥、通风处，不能长时间积压。如果自配饲料最好1周内用完，否则容易发生霉变。

（4）保证饮水。夏季天气炎热，鸡只饮水量增加，保证充足的饮水非常重要。除了鸡舍内的正常饮水外，可以在舍外阴凉处放置饮水器，提供清洁饮水（图77）。必要时，饮水中添加碳酸氢钠、氯化铵等抗热应激制剂，减轻热应激的危害。

图77　错误做法：储水桶在夏季暴露在阳光下暴晒，饮用水变成热水

（5）注意卫生。夏季雨水多，容易造成养殖场地潮湿，各种微生物和蚊蝇滋生，环境易被污染，要注意饲料、饮水和环境卫生。每次下雨后要及时清理活动场地的积水，不要让鸡饮脏水。

每周可对舍外带鸡消毒1 ～ 2次，不同类型的消毒药交替使用。料槽常清洗，并放在阳光下暴晒。做好球虫病的预防工作，定期驱虫，保证鸡体健康。

（6）雷雨天气管理。夏季暴风雨较多，要在雷雨来临之前将鸡只赶回鸡舍或者让其在遮雨棚下避雨，避免因羽毛淋湿而造成鸡群感染风寒等疾病。

3.秋季饲养管理

秋季气温渐低，入冬前气温更是大幅下降，早晚温差大。此外，秋季光照时间逐渐缩短，对土鸡产蛋非常不利。

（1）调整鸡群。秋季是老鸡停产换羽、新鸡开产的季节。及时对鸡群进行调整，挑选出不产蛋或低产鸡，以及体质弱、有恶癖的，及时淘汰。保留体质健康、产蛋正常的鸡继续饲养。

（2）调整光照。光照直接影响土鸡性成熟和产蛋。秋季自然光照逐渐缩短，夜晚时间变长，必须及时调整人工补充光照时间，保持光照时间恒定在16小时。

（3）加强防疫消毒。秋季是传染病多发季节，加强防疫消毒工作是秋季管理的一个重要环节。要注意鸡舍内外卫生和干燥，密切关注鸡痘、新城疫、禽流感和寄生虫病，应根据免疫程序做好免疫预防。

4.冬季饲养管理

冬季天气寒冷，光照时间短。气温过低，不宜长时间放牧，否则会因热量过多散失而导致能量负平衡，停止生长。此时要采用室内平养等方式，并加强鸡舍保温，以实现冬季的较高生产性能。

（1）防寒保温。冬季外界气温低，散养土鸡的管理重点是防寒保暖。当气温偏低时，缩短放养时间。上午延迟外出，下午让鸡早回圈。

天气较好时，太阳光下可让鸡自由采食，这样既能取暖又能促进消化（图78）。当气温低于5℃时，停止鸡群放养，直接在舍内进行补料、饮水。可能的话尽量给鸡提供温水饮用，并加强鸡舍保温，以实现冬季的较高生产性能。圈养时注意鸡舍保温与通风的关系。

图78　天气较好时，太阳光下可让鸡自由采食

为改善舍内环境，可采用发酵床养殖模式，使鸡粪能够被原位降解的同时，为鸡营造一个接近外部生态、可充分发挥天性、空气清新的养殖环境。提高饲料中的能量水平，增加补饲量。

（2）调整饲喂。冬季气温低，鸡只需要更多的营养来维持正常体温，产蛋也需要大量的营养物质，而且外界植被枯萎，鸡只无法从外界获得足够的营养。因而，冬季土鸡饲喂要注意提高饲料中的能量水平，增加补饲量，重视青、粗饲料补充。首先提高日粮中的能量水平，增加玉米、碎米等饲料的比例。其次冬季可以储存胡萝卜、大白菜等青绿饲料来满足土蛋鸡对青绿饲料的需求。也可以在饲料中添加3% ～ 5%的苜蓿草粉，有助于保持生产性能和提高产品品质。

（3）补充光照。冬季昼长夜短，自然光照时间不足，要注意人工补光，严格达到鸡龄所需的光照时间，或者维持光照时间为16小时。

（4）疾病预防。冬季是呼吸道病的多发季节，保暖的同时要加强通风，预防呼吸道病，一旦发现有发病，立即隔离治疗，并做好记录。

5.灾害性天气的管理

气候变化对鸡群影响最大，比如突然的升温、降温、风雨雷电、冰雹等，是导致散养鸡死亡的主要原因（图79）。要注意每天收听天气预报，密切注意天气变化。如遇阴雨天气或起大风、气温突然下降，应及时将鸡群赶回鸡舍，将鸡舍门窗关闭，放养改为舍饲或中午气温高时放养，早、晚舍饲，防止鸡受寒发病。发生情况及时处理。

图79　严寒季节雪天散养降低鸡群生产性能

06 六、疾病预防

当新城疫、高致病性禽流感等病毒性疾病发生的时候，并没有有效的药物可以进行治疗，会导致鸡群大部分死亡，甚至全部死亡。因此，疾病防治工作要严格贯彻以防为主的方针，采取综合性预防措施，降低发病率、死亡率，提高成活率，确保鸡群健康和养鸡生产的顺利进行。杜绝药物滥用情况发生。在鸡群没有生病的情况下，不要在饲料和饮水中添加药物用于疾病预防。

鸡群只有在健康的状态下，其生产性能才能得到充分发挥。疫病发生总是会带来养殖成本的增加，除了鸡本身的生产性能降低（生长发育、产蛋），还不得不花钱去治疗，增加直接损失。产蛋鸡在治疗期间所产的鸡蛋，因为担心鸡蛋中有药物的残留，还不能以商品蛋进行出售，从而增加间接损失。

（一）林地养鸡的发病特点

在养殖方式上，林地养鸡与集约化舍内养殖存在较大的区别，因此，林地养鸡的疾病发生也有它特殊之处。

1.呼吸道疾病相对较少

林地养鸡鸡群活动范围广，养殖密度小，运动量大，体质好，舍内通风好，而且可以到户外呼吸新鲜空气，晒太阳，因此鸡群不易患呼吸道疾病。

2.寄生虫病多发

林下养土鸡大多采用地面平养方式，球虫病极易流行，预防和治疗费用大。另外，土鸡在生长期和育肥期采取舍外放养方式，大量采食草、虫、菜等，易受各类寄生虫侵袭。

3.细菌病较多

有些放养场从非正规的种鸡场购买雏鸡，而这些种鸡场的禽白血病和鸡白痢没有得到净化，细菌通过种蛋传给雏鸡。在饲养管理条件较差的情况下，鸡群长期接触肮脏潮湿的地面，加上冷热刺激，容易诱发大肠杆菌病。

4.病毒性疾病较多

由于从业人员技术水平低，往往免疫操作不正规，比如，为了方便采用饮水免疫方法免疫新城疫疫苗，或者抱着侥幸心理不免疫，结果导致免疫抗体不达标，暴发新城疫、传染性法氏囊病等传染性疾病（图80）。

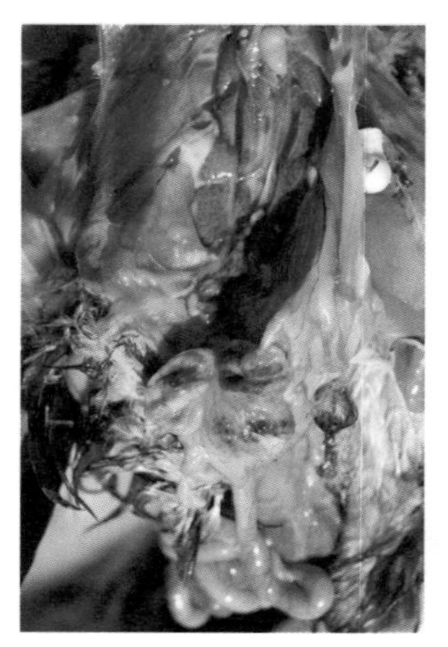

图80　法氏囊发炎肿大、出血

5.容易发生马立克氏病

林地饲养的土鸡养殖周期长达3个月以上，需要接种马立克液氮苗才能够有效保护。有些孵化场认为土鸡抵抗力强，不接种马立克氏病疫苗或者接种马立克氏病冻干苗，致使鸡群得不到有效保护。有些放养场购买、鉴别公雏时，抱有侥幸心理或者只顾眼前利益，少花钱，不接种马立克氏病疫苗，其结果是导致马立克氏病暴发。

（二）疾病综合防治技术

实践证明，要控制鸡群的疾病发生，首先应该认真抓好养鸡的综合卫生防疫工作。

1.场地的合理选择

养鸡场应选择在背风向阳、地势高燥、易于排水以及远离其他家禽养殖场、屠宰场、肉食品加工厂、皮毛加工厂的地方。规模较大的鸡场，生产区和生活区应严格分开。鸡舍的建筑应根据本地区主导风向合理布局，从上风向至下风向，依次建筑饲料加工间、育雏间、育成间、成年鸡间。此外，还应建立隔离间，粪便和死鸡处理设施等。

2.把好鸡种引入关

鸡群发生疫病，多数是由于从外地或外单位引进了病鸡和带菌种蛋所致。若需从外地引进鸡只或种蛋，应首先了解当地有无疫情。若有疫情则不能购买。无疫情时，引进前也要进行严格检疫，从具备种畜禽经营合格证和动物防疫合格证的正规种鸡场引进。切莫从无证照的小型养殖场（散户）擅自引种。

禽白血病、鸡白痢、支原体病、网状内皮组织增殖病等慢性疾病可以通过种蛋传给下一代，这些疾病的危害虽然没有新城疫、传染性法氏囊病等疾病的危害大，但会降低鸡群疾病抵抗力，诱发其他疾病的发生，致使鸡群抵抗力低、成活率低，经常发生一些慢性疾病，造成散发性疾病增加，零星死亡增加。因此，引种前要了解对方是否开展种鸡禽白血病、鸡白痢、支原体病的净化以及净化的效果，确保引入的种鸡不携带垂直传播性疾病。

新引进的鸡群应隔离观察20 ～ 30天，确认无疫病后方可与其他鸡只合群。若从外地引进种蛋，必须在种蛋入孵前进行严格消毒。

3.采取科学的饲养管理，增强鸡体抗病力

（1）满足鸡群营养需要。疾病的发生与发展与鸡群体质强弱有关。而鸡群体质强弱除与品种有关外，还与鸡的营养状况有着直接的关系。如果不按科学方法配制饲料，鸡体缺乏某种或某些必需的营养元素，就会使机体所需的营养失去平衡，新陈代谢失调，从而影响生长发育，体质减弱，易感染各种疾病。因此，在饲养管理过程中，要根据鸡的品种、大小、强弱，分群饲养，按其不同生长阶段的营养需要，供给相应的配合饲料，采取科学的饲喂方法，以保证鸡体的营养需要。同时还要供给足够的清洁饮水，注意鸡体的体质锻炼，增加放牧时间或运动时间，提高鸡群的健康水平。只有这样，才能有效地防御多种疾病的发生，特别是防止营养代谢性疾病的发生。

如果只给鸡群饲喂玉米、麦麸、米糠等营养单一性饲料，会导致鸡群蛋白质营养缺乏，钙磷、维生素和微量元素不足，鸡群营养不良、生长发育受阻、体质降低，容易发生疾病。

（2）创造良好的生活环境。饲养环境条件不良，往往影响

鸡的生长发育，也是诱发疫病的重要因素。要按照鸡群在不同生长阶段的生理特点，控制适当的温度、湿度、光照、通风和饲养密度（图81），尽量减少各种应激反应，防止惊群的发生。鸡舍温度过低、地面潮湿、氨气浓度超标和密度过大都是诱发疾病的重要因素（图82）。

图81　鸡舍舒适的生活环境：垫料干净卫生，养殖密度不大

图82　饮水器漏水致使地面积水，鸡群饮用脏水容易诱发疾病

（3）采取全进全出的饲养方式。所谓全进全出，就是同一栋鸡舍在同一时期内只饲养同一日龄的鸡，又在同一时期出栏。这种饲养方式简单易行，优点很多，既便于在饲养期内调整日粮，控制适宜的舍温，进行合理的免疫，又便于鸡出栏后对舍内地面、墙壁、房顶、门窗及各种设备彻底打扫、清洗和消毒。这样可以彻底切断各种病原体循环感染的途径，有利于消灭舍内的病原体。

（4）做好废弃物的处理工作。养鸡场的废弃物包括鸡粪、垫料、死鸡等。养鸡场一般在下风向最低位置或围墙外设废弃物处理场，避免日晒雨淋，造成污染。鸡粪一般是鸡群转（出）栏后，进行一次性清理或经常性清理。清出的粪便和垫料不能随意堆放在鸡舍或道路两边，应及时运往鸡粪处理场所（图83），采用堆肥发酵等方式进行无害化处理以后再作为肥料出售。死鸡要采用深埋、化尸窖或焚烧等方式进行无害化处理。

图83　鸡粪及死鸡随意堆放在鸡舍周围，鸡群啄食死鸡，造成疾病继续传播

4.严格消毒

(1) 鸡场、鸡舍门口处的消毒。鸡场及鸡舍门口应设消毒池，经常保持新鲜的消毒液，凡进入鸡舍必须经过消毒；车辆进入鸡场，车轮要经过消毒池。消毒池内常用2% ~ 3%氢氧化钠溶液或3% ~ 5%来苏儿等。也可用锯末、稻壳等浸湿药液后置于鸡舍进出口处。

工作人员和用具固定。工作人员不能随便去别的鸡舍。用具不能随便借出。工作人员每天进入鸡舍前要更换工作服、鞋、帽。不准非工作人员和参观者随便进入鸡舍。进入鸡舍必须消毒更衣（图84）。工作服要定期消毒。场内的工作鞋不许穿出场，场外的鞋不许穿进场内。

图84　更衣消毒后方可进入鸡舍

(2) 鸡舍的消毒。在进鸡之前一定要彻底清洗和消毒鸡舍（图85）。建筑物可先用水冲去表面灰尘，除去所有的污染物，包括全部换除垫料。空舍时间一般需要2周以上。常选用

3% ~ 5%来苏儿、2% ~ 3%氢氧化钠溶液等进行喷雾消毒。熏蒸消毒以前常用福尔马林和高锰酸钾，现在常用固体烟熏消毒剂（二氯异氰脲酸钠）。

图85 错误做法：鸡舍熏蒸消毒以前地面鸡粪未清扫干净

（3）种蛋消毒。有些病能通过蛋传递给雏鸡，刚产下的蛋易被粪便及垫料污染，存放时间越长，细菌繁殖得越多，超过30分钟，病菌就可以通过蛋壳气孔进入蛋内。故种蛋最好产出后随即熏蒸消毒，然后存放在消毒好的储藏室内，在入孵之前再进行一次消毒。

（4）饲养设备消毒。饲养设备包括料槽、笼具、水槽、蛋架、蛋箱等。一般用清水冲洗后，可选用5%的来苏儿、0.5%过氧乙酸或3%氢氧化钠溶液、0.1%新洁尔灭溶液喷洒消毒。料槽应定期洗刷，水槽要每天清洗。

（5）粪便消毒。粪便常用堆积发酵，利用产生的生物热进行消毒。

5.实施有效的免疫计划，认真做好免疫接种工作

免疫接种是指给鸡注射或口服疫苗、菌苗等生物制剂，以

增强鸡对病原的抗病力，从而避免特定疫病的发生和流行。同时，种鸡接种后产生的抗体还可通过受精蛋传给雏鸡，提供保护性的母源抗体。因此，要特别重视鸡的免疫接种工作。

（1）土鸡的免疫接种程序。土鸡饲养周期较长，其接种疫苗与快速生长的肉鸡应有所不同。此外，各地方鸡病的流行特点和规律不同，免疫接种程序也不一样。各鸡场应根据当地鸡的发病特点和本场实际情况，制订出科学、合理的免疫接种程序，做好各种疫苗的接种工作。表8是土鸡的推荐免疫程序，供各地参考应用。

表8　土鸡推荐免疫程序

日龄	疫苗种类	接种方法
1	马立克氏CVI988液氮苗	1羽份，颈部后1/3处皮下注射（孵化室）
6	新城疫－传支二联活疫苗	1羽份，滴眼
12	法氏囊中等毒力活疫苗	1.5羽份，饮水
16	新城疫－禽流感H_9二联灭活苗	0.6羽份，颈部后1/3处皮下注射
	新城疫－传支二联活疫苗	1羽份，滴眼
21	禽流感H_5二价灭活苗	0.6羽份，颈部后1/3处皮下注射
	传喉－鸡痘二联活疫苗（威多妙喉痘）	1羽份，翼膜刺种或皮下注射
26	法氏囊中等毒力活疫苗	2羽份，饮水
32	新城疫－禽流感H_9二联灭活苗	1羽份，颈部后1/3处皮下注射
	新城疫－传支二联活疫苗	1羽份，滴眼

（续）

日龄	疫苗种类	接种方法
40	禽流感H_5二价灭活苗	1羽份，颈部后1/3处皮下注射
120～150日龄出栏肉用鸡免疫以上疫苗		
留作产蛋用的母鸡和长期饲养公鸡增免以下疫苗		
110	新城疫－传支－禽流感H_9三联灭活苗	1羽份，胸肌注射
	新城疫活疫苗	1羽份，滴眼
120	禽流感H_5二价灭活苗	1羽份，颈部后1/3处皮下注射
300	新城疫－传支－禽流感H_9三联灭活苗	1羽份，胸肌注射
	禽流感H_5二价灭活苗	1羽份，颈部后1/3处皮下注射

注：上市前1个月内不得注射灭活疫苗。

（2）免疫接种的常用方法与要求。不同的疫苗、菌苗对接种方法有不同的要求，归纳起来主要有滴鼻、点眼、饮水、气雾、刺种、肌内注射及皮下注射等方法。

滴鼻、点眼法：主要适用于鸡新城疫克隆30、Lasota系疫苗、传染性支气管炎疫苗的接种。滴鼻、点眼可用滴管、空眼药水瓶或5毫升注射器（针尖磨光），事先用1毫升水试一下，看有多少滴。2周龄以下的雏鸡以每毫升50滴为好，每只鸡2滴，每毫升滴25只鸡，如果一瓶疫苗是用于250只鸡的，就稀释成10（250÷25）毫升。比较大的鸡以每毫升25滴为宜，上述一瓶疫苗就要稀释成20毫升。疫苗应用生理盐水或蒸馏水稀释，不能用自来水，避免影响免疫接种的效果。滴鼻、点眼的操作方法：操作人员左手轻轻握住鸡体，食指与拇指固定住鸡的头部，右手用滴管吸取药液，滴入鸡的鼻孔或眼内，当药液滴在鼻孔上不吸入时，可用右手食指把鸡的另一个鼻孔堵住，药液便很快被吸入。

饮水法：适用于饮水法的疫苗为传染性法氏囊病疫苗。为使饮水免疫接种达到预期效果，必须注意以下8个问题：①在投放疫苗前，要停供饮水2 ～ 3小时（依不同季节酌定），以保证鸡群有较强的渴欲，能在2小时内把疫苗水饮完。②配制鸡饮用的疫苗水，需在用时按要求配制，不可事先配制备用。③稀释疫苗的用水量要适当。正常情况下，每500份疫苗，2日龄至2周龄用水5升，2 ～ 4周龄7升，4 ～ 8周龄10升，8周龄以上20升。④水槽的数量应充足，可以供全群鸡同时饮水。⑤应避免使用金属饮水槽，水槽在用前不应消毒，但应充分洗刷干净，不含有饲料或粪便等杂物。⑥水中应不含有氯和其他杀菌物质。盐碱含量较高的水，应煮沸、冷却，待杂质沉淀后再用。⑦要选择一天当中较凉爽的时间用苗，疫苗水应远离热源。⑧有条件时可在疫苗水中加5%脱脂奶粉或专用保护剂，对疫苗有一定的保护作用。

翼下刺种法：主要适用于鸡痘疫苗的接种。进行接种时，先将疫苗用生理盐水或蒸馏水按一定倍数稀释，然后用接种针或蘸水笔尖蘸取疫苗，刺种于鸡翅膀内侧无血管处。雏鸡刺种1针即可，较大的鸡可刺种2针。

肌内注射法：主要适用于接种鸡新城疫、禽流感等灭活疫苗。注射部位可选择胸部肌肉、翼根内侧肌肉或腿部外侧肌肉。

皮下注射法：主要适用于接种鸡马立克氏病弱毒疫苗以及新城疫、禽流感灭活疫苗等。注射时先用左手拇指和食指将雏鸡颈背部皮肤轻轻捏住并提起，右手持注射器将针头刺入皮肤与肌肉之间，然后注入疫苗液。

气雾法：主要适用于接种鸡新城疫Lasota系疫苗和传染性支气管炎弱毒疫苗等。此法是用压缩空气通过气雾发生器，使稀释的疫苗液形成直径为1 ~ 10微米的雾化粒子，均匀地悬浮于空气中，随呼吸而进入鸡体内。气雾接种应注意以下5个问题：①所用疫苗必须是高价的、倍量的。②稀释疫苗应该用去离子水或蒸馏水。③雾滴大小要适中，一般要求喷出的雾粒在70%以上，成年鸡雾粒的直径应在5 ~ 10微米，雏鸡30 ~ 50微米。④喷雾时房舍要密闭，要遮蔽直射阳光，保持一定的温湿度，最好在夜间鸡群密集时进行，待10 ~ 15分钟后打开门窗。⑤气雾免疫接种对鸡群的干扰较大，尤其会加重鸡病毒、支原体及大肠杆菌引起的气囊炎，应予以注意，必要时于气雾免疫接种前后在饲料中加入抗菌药物。

（3）接种疫苗时应注意的事项。①严格按说明书要求进行接种疫苗。疫苗的稀释倍数、剂量和接种方法等，都要严格按照说明书规定。②疫苗应现配现用。稀释时绝对不能用热水，稀释的疫苗不可置于阳光下暴晒，应放在阴凉处，且必须在2小时内尽快用完。③接种疫苗的鸡群必须健康。只有在鸡群健康状况良好的情况下接种，才能取得预期的免疫效果。对环境恶劣、疾病、营养缺乏等情况下的鸡群接种，往往效果不佳。④妥善保管、运输疫苗。生物药品怕热，特别是弱毒冻干苗必须低温冷藏，冷藏温度要求在0℃以下，灭活苗保存在4 ~ 8℃为宜。要防止温度忽高忽低，运输时要有冷藏设备。若疫苗保管不当，不用冷藏箱运输疫苗，存放时间过久而超过有效期，或冰箱冷藏条件差，均会使疫苗活力降低，影响免疫效果。⑤选择接种疫苗的恰当时间。接种疫苗时，要注意母源抗体和其他病毒感染时，对疫苗接种的干扰和抗体产生的抑制作用。⑥接种疫苗的用具要严格消毒。对接种用具必须事先按规定消毒。遵守无菌操作要求，接种后所用容器、用具也必须进行消毒，以防感染其他鸡群。⑦注意接种某些疫苗时能用和禁用的药物。在接种禽霍乱活菌苗前后各5天，应停止使用抗生素和磺胺类药物；而在接种病毒性疫苗时，在前2天和后5天可用抗菌药物，以防接种应激引起其他病毒感染；各种疫苗接种前后，可在饲料中添加比平时多1倍的维生素，以保持鸡群强健的体质。

此外，由于同一鸡群中个体的抗体水平不一致，体质也不一样，因此，同一种疫苗接种后反应和产生的免疫力也不一样。所以，单靠接种疫苗扑灭传染病往往有一定的困难，必须配合综合性防疫措施，才能取得预期的效果。

6.加强疾病监测工作

为了提高防病、灭病措施的针对性和预见性，在大型鸡场内（或与其他单位合作）建立疾病监测室，根据生产发展的需要和实际条件，制定一些监测项目和工作规程。常规监测的疾病至少应包括禽流感、鸡新城疫、鸡白痢和伤寒。另外，根据当地的实际情况，选择其他一些必要的疫病进行监测。

（1）测定母源抗体水平，确定首次免疫的最佳时机。通过测定种鸡或出壳雏鸡的新城疫、传染性法氏囊病等病的母源抗体水平，确定这些病的首次免疫接种最佳时机，从而可以解决生产中由于母源抗体水平高、过早用疫苗而影响免疫力产生，或因母源抗体水平低、注苗过迟而受强毒感染引起发病的问题。

（2）测定免疫接种后鸡体内的抗体水平。鸡群经过一次免疫接种后，实际免疫效果的评价、有效免疫力持续的长短、再次免疫时机的确定，必须通过定期检测免疫后抗体滴度的消长情况做出科学的回答。一般在鸡群免疫活疫苗2周、灭活疫苗3周后，采集血样或所产的蛋，测定抗体水平。当某种疫

苗接种后相应的抗体滴度上升的幅度高又整齐时，表明免疫效果好，再定期采样检测，根据抗体滴度消长情况，便可以确定免疫保护期和再次免疫的合理时机。若疫苗免疫接种后，测不出相应的抗体（测试的方法是灵敏准确的）或抗体滴度上升幅度很低又不整齐，表明免疫效果不佳或称免疫失败。此时，除尽快寻找免疫失败的原因，吸取教训外，还要采取相应补救措施，如提前进行再次免疫接种，以保证鸡群免受强毒感染。

（3）对未经免疫接种的传染病进行定期的抗体检测。在定期的抗体检测中，未曾接种过疫苗的传染病应是抗体阴性，说明鸡群安全；若出现了抗体阳性鸡，表明鸡群中有此种传染病的传染源存在。鸡场兽医可以根据疾病的性质采取相应的措施，若是新发的急性传染病，可采取查明清除传染源，隔离、消毒等扑灭措施；若是慢性垂直传播的传染病，如鸡白痢、鸡白血病、呼吸道支原体病等，多采取定期检测活体，淘汰检出的抗体阳性鸡，隔离、消毒等综合性措施净化鸡群，以减少经济损失。

7.发现疫情迅速采取扑灭措施

饲养人员要随时注意观察饲料、饮水消耗，排粪和产蛋等情况，若有异常，要迅速查明原因。发现可疑传染性病鸡时，应尽快确诊，隔离病鸡，封锁鸡舍，在小范围内采取扑灭措施，对健康鸡紧急接种疫苗或进行药物防治。由于传染病发病率高，流行快，死亡率高，因此，无论什么地方或单位饲养的鸡群发生了传染病，都应及时通报，让近邻、近地区注意采取预防措施，防止发生大流行。

确诊为鸡新城疫、鸡霍乱、鸡痘等病时，对体温正常、无病状的健康鸡群可注射疫苗，迅速控制疫情的发展。

（三）鸡群日常观察

每天观察记录鸡群的采食量、饮水表现、粪便、精神、活动、呼吸等基本情况，统计发病和死亡情况，对鸡病做到早发现、早诊断、早治疗，以减少经济损失。鸡群发病时，可能会观察到以下变化。

1.采食和饮水量减少

病鸡通常都不愿饮水和吃饲料，饮水和采食量减少是疾病的最初信号，因此密切关注每天的饮水量和采食量是很重要的。给鸡喂饲料时，如果发现有少量的鸡只不吃饲料，而是躲在一边，呆立不动，就说明这只鸡有健康问题。如果鸡群的采食量明显较前一天减少，说明鸡群整体的健康状况都出现了问题，要及时查找原因。

2.精神萎靡不振

病鸡通常精神萎靡不振，羽毛蓬松，鸡冠发白，闭眼，蜷缩在一角，倾向于把自己藏起来。

3.粪便异常

鸡的泄殖腔不仅排泄固体废物，还包括肾的代谢废物。鸡有3种不同种类的粪便。

（1）小肠粪。大量的小肠粪，呈“逗号”状，正常小肠粪比较干燥，表面有裂纹。

（2）盲肠粪。早晨鸡排除黏糊、湿润、有光泽的盲肠粪，颜色由焦糖色到巧克力褐色。

（3）肾分泌的尿酸盐。鸡不同于哺乳动物，没有膀胱，所

以不排尿液，但是可以把尿液转变为尿酸结晶，沉积在粪便表面形成一层白色。

异常鸡粪和可能原因见表9、图86至图88。

表9　异常鸡粪和可能原因

粪便外观	可能原因
可见未消化的饲料成分	消化功能较差
均匀、稀薄的鸡粪	小肠问题
串状白色尿酸盐，粪便呈块状	病毒感染，例如传染性法氏囊病和肾型传染性支气管炎
白色水样稀粪	感染引起的肾病或不当的采食
呈红色、黏稠串状	鸡长时间没有采食，或鸡球虫感染小肠
粪便带血	可能是鸡球虫感染
深绿色鸡粪	食欲不振或严重的急性腹泻导致鸡粪表面有胆汁盐
盲肠粪黄色稀薄，有气体	小肠功能失调或饲喂不当

图86　潮湿肮脏的地面极易诱发疾病，粪便已经出现异常

图87　白色异常粪便

图88　黄色异常粪便

4.呼吸异常

患有呼吸道疾病的鸡一般会气喘和张嘴呼吸。呼吸道疾病特有的症状包括：

（1）不正常的呼吸杂音。吸气鼻音、鼻塞和喷嚏，“咯咯”声或清嗓、鸣叫、打哈欠、尖叫。最佳观察时间是鸡休息的时候，例如晚上。

（2）气喘。鸡张嘴呼吸，腹部肌肉抖动。

（3）眼睛黏膜发炎，鼻腔发炎和咽发炎。许多呼吸道疾病开始于眼睛黏膜的轻微炎症，而眼睛黏膜的炎症可以通过眼角是否有少量的泡沫而识别。

（4）鼻窦肿大，导致头肿大。

当鸡舍温度太高、剧烈疼痛，或者由于寄生虫引起的贫血，也会使鸡群出现呼吸道症状。因此，仅凭这些症状不能进行确诊和判断疾病的轻重，需要通过与呼吸道疾病相关的其他信息来进行综合判定。因此，养殖户需要根据鸡的死亡率是否增加，产量是否降低，采食或饮水量是否减少来进行综合判定，另外依靠实验室进一步检测确诊疾病。呼吸道异常与可能的原因见表10。

表10　呼吸道异常与可能的原因

声音类型	原　因	可能原因
张口呼吸，但无异常呼吸音	呼吸道有少量黏液或炎性液体	鸡舍温度过高；发热；肺部真菌感染；疼痛
异常呼吸音	少量的炎性液体轻微刺激黏膜，眼睛潮湿	鸡舍环境气候不良：氨气浓度高；疫苗免疫反应；病毒感染
喷嚏	上呼吸道黏膜受刺激，同时眼部发炎	病毒或细菌感染；疫苗免疫反应
发出“嘎嘎”声	鼻腔和气管上部的黏膜受刺激，有大量的黏液	不良的鸡舍环境导致大肠杆菌感染；如果症状突然，则为传染性支气管炎或新城疫
张口呼吸、尖叫	呼吸道炎症，有黏稠的黏液，经常会突然死于窒息	禽流感、新城疫、传染性支气管炎、传染性喉气管炎与大肠杆菌的混合感染

5.运动失调

运动失调是由于神经系统或骨骼肌系统（肌肉、骨头、关节）出现问题而引起的，从而导致鸡跛行、歪脖和强迫运动，例如禽脑脊髓炎、维生素E缺乏症、马立克氏病、禽流感、新城疫或者细菌性脑膜炎。

鸡的跛行分为1条腿跛行和2条腿跛行。1条腿跛行可能是因脚步损伤、关节发炎（图89、图90），或者是感染马立克氏病或骨痛引起。2条腿跛行可能是由呼肠孤病毒诱导的腱鞘炎或骨痛引起。如果一群青年鸡中的所有鸡都是同一只脚跛行，且这群鸡已经免疫过马克氏病疫苗，这时的跛行可能是由免疫不当造成的。

图89　病鸡腿部出现问题，不能正常站立

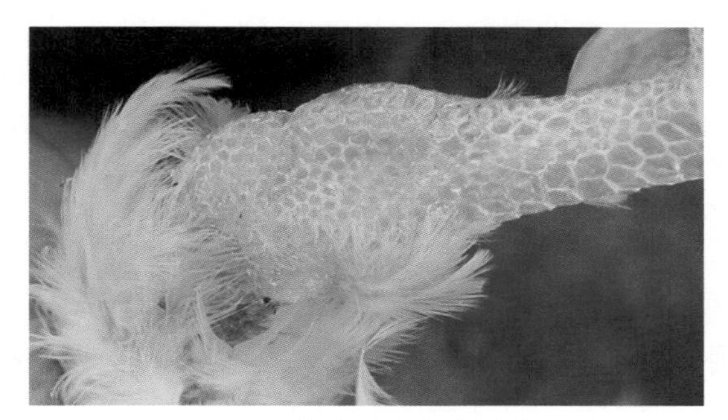

图90　病鸡关节发炎肿胀

如果垫料太湿，鸡群中也会出现脚垫溃疡。潮湿鸡舍中的尿酸和氨气会影响皮肤，使脚底出现裂纹和炎症。

6.死亡率增加

鸡的死亡率增加，对养殖者来说是一个重要的警示。当鸡群每天的死亡率大于0.1%，表明死亡显著增加；如果每天的死亡率大于0.5%，表明死亡极显著增加，应该尽快查找死亡的原因。

处理病死鸡的方法：患病严重的鸡和死鸡必须尽快从鸡舍中清除，使它们感染其他鸡的风险降到最低。一般情况下，禁止犬、猫、啮齿动物和昆虫接近死鸡。

（四）合理用药

药物具有二重性，一方面，它能防治动物疾病，改善饲料利用率，保障和促进养殖生产；另一方面，药物的不合理使用或滥用，也有一些负面作用，如残留、耐药性、环境污染等公害，影响养殖业乃至人类社会的持续发展。

1.药物的合理应用

化疗药物包括抗菌药和抗寄生虫药，有的是微生物发酵生产的抗生素，有的是化学合成的产品。饲料中低浓度连续使用抗菌药物，能明显改善家禽的增重率和饲料的利用率，但用药不恰当就能产生公害。因此，化疗药物的使用要注意以下问题。

（1）选用正确的药物。每种药物都有其适用范围（或称适应证）。例如，青霉素类主要抗革兰氏阳性菌，氨基糖苷类主要抗革兰氏阴性菌，四环素类和磺胺类抗菌范围较广，对革兰氏阴性菌和阳性菌都有作用，但只是抑菌作用而不是杀菌作用。大多数抗球虫药虽然对艾美耳球虫有抑制作用，但氨丙啉只对寄生于盲肠的球虫有效，对防治蛋鸡的球虫病效果较好。化疗药物的品种选择不当，不仅收不到应有的效果，反而还引发病原的耐药性。一般，凡不需使用抗菌药物的就不要使用，如病毒性感染，目前尚无能有效杀灭病毒的药物。凡用一种药物能解决问题的，就不要用多种。凡窄谱抗菌药物就能起作用的，就不用广谱药物。

（2）确定合适的剂量。抗菌药物的剂量对保证用药效果，防止不良反应十分重要。剂量过小，达不到用药效果；剂量过大，则导致胃肠道常在菌群失调，引起消化功能紊乱。抗菌药物一般都有防治疾病和促进生长的双重作用，剂量不同，作用也不同。以金霉素为例，治疗疾病，每吨饲料添加100～200克；预防疾病，添加50～100克；促进生长，添加10～50克。

（3）严格掌握用药的时机和期限。在疾病发生过程中，抗菌药物一般在发病的初期和急性期使用，效果较好。抗菌药物还在用药的期限上有要求。大多数抗菌药物要求在动物或其产品上市前1～2周内停止使用，否则将导致药物在畜禽产品中残留。

（4）采用交叉式用药。指将病原微生物易产生耐药性的药物有计划地轮番在饲料（或饮水）中交替使用。包括轮番式用药（如一种药物连续使用几个月后，改用另一种药物）、穿梭式用药（在动物生长的不同阶段，分别使用不同的药物）和轮换式与穿梭式结合使用等具体方式。此类方式对于抗球虫药尤为重要。每种抗球虫药长期使用都会产生耐药性，药效会越来越差，而研制开发新药费用巨大。目前普遍采用的方式是，每种抗球虫药在同一养殖场的使用时间一般都不会超过2周，然后更换为另一种抗球虫药。这样能有效避免球虫对药物产生耐药性。

（5）科学地联合用药。对于严重感染如菌血症或败血症，混合感染如革兰氏阴性菌和阳性菌同时感染，继发感染或二重感染，某种药物单用会发生抗药性等情况，可将2种抗菌药物合用，以增强药物的效果，扩大适应证，降低毒副作用和防止耐药性发生。一般青霉素类与氨基糖苷类、磺胺类与抗菌增效剂合用，会产生协同作用，应选这些药物合用。其他抗菌药物之间合用，有些可能有相加作用，但大多数可能会发生拮抗作用。因此，一般不提倡合用。

2.家禽不合理用药所引起的公害问题

(1) 残留。残留是指用药后药物的原形或其代谢产物在动物的细胞、组织、器官或可食性产品（如蛋）中的蓄积、沉积、储存或结合。食品动物及其产品中的违规残留，大都是由于用药不合理或用药错误造成的。

残留对人体有许多危害。除变态或过敏反应外，一般不表现为急性毒性作用，主要是慢性毒性，如耐药性转移与传播、二重感染、致畸作用、致突变作用、致癌作用和激素样作用等。这些作用，一般是人摄入低量残留一段时间后，残留物在体内逐渐蓄积所致。

(2) 对肠道微生物的影响。肠道微生物群落是一个微生态系统，其完整性是机体抗病力的一个重要指针。低浓度抗微生物药的连续出现，还对肠道微生物群落具有一种选择作用，有利于天然的或获得的耐药菌过量生长繁殖。耐药微生物数量增加，就构成了一个耐药质粒库，使耐药性得以转移给消化道的其他病原菌。另外，肠道微生物紊乱，还使其他药物的疗效受到影响，也影响健康。因此，人们有理由担心，人体摄入少量兽用抗微生物药（如动物性食品中残留），可能改变消化道的微生物群落，使消费者的健康状况下降。

(3) 损坏动物机体。抗生素药物都有一定的副作用，长期服用会对动物的肝、肾、胃肠道造成不同程度的损伤，降低动物自身正常功能，反而更易感染其他疾病（图91）。

(4) 环境污染。虽然环境污染主要源于人的活动，但动物也是一个污染源。生长促进剂、抗生素、抗寄生虫药以及激素等兽药和饲料添加剂经饲料和饮水进入动物体内，然后由动物的粪尿排泄后直接进入环境（厩肥、水土和田野），从而造成环境污染，影响微生物的平衡体系和水土的循环过程。

图91 长期交替投喂多种抗生素药物，致使腺胃乳头损坏，肌胃角质层脱落、出现溃疡

3.无害化用药

土鸡饲养过程中应加强饲养管理，采取各种措施减少应激，增强土鸡自身的免疫力。并建立严格的生物安全体系，防止鸡只发病和死亡，及时淘汰病鸡，最大限度地减少化学药品和抗生素的使用。必须使用兽药进行鸡病的预防和治疗时，应在兽医的指导下进行，以便选择恰当的药品，避免滥用药物。

治疗和预防药物的使用还需注意：严格遵守规定的作用与用途、使用剂量、给药途径、疗程和注意事项。化疗药物的使用，要防止耐药性的产生和传播。抗球虫药应以轮换或穿梭方式使用。所有药物都要遵守休药期规定。

禁止使用有致癌、致畸和致突变作用的兽药，禁止在饲料中长期添加兽药，禁止使用未经国家农业主管部门批准或已经淘汰的兽药，禁止使用会对环境有严重污染的兽药，禁止使用激素类或其他具有激素样作用的物质和催眠镇静类药物，禁止使用未经国家兽医行政管理部门批准的用基因工程方法生产的兽药，限制使用人畜共用药，主要是青霉素和喹诺酮类的一些药物。兽药的使用要注意配伍禁忌和体内相互作用。

在饲养过程中使用兽药要求建立详细记录。建立并保存患病鸡的预防和治疗记录，包括发病时间及症状、预防或治疗用药的经过、药物种类、使用方法及剂量、治疗时间、疗程及停药时间、所用药物的商品名称及主要成分、生产单位及批号、治疗效果等。所有记录资料应在清群后保存2年以上。